다이어트

정석은 잊어라

먹지 않고
힘들게 살을 빼는
혹독한 다이어트는
이제 그만!

다이어트 정석은 잊어라

1판 1쇄 인쇄 | 2013년 11월 05일
1판 3쇄 발행 | 2014년 11월 25일

지은이 | 이준숙
발행인 | 이용길
발행처 | MOABOOKS 모아북스

관리 | 정윤
디자인 | 이룸

출판등록번호 | 제 10-1857호
등록일자 | 1999. 11. 15
등록된 곳 | 경기도 고양시 일산동구 호수로(백석동) 358-25 동문타워 2차 519호
대표 전화 | 0505-627-9784
팩스 | 031-902-5236
홈페이지 | http://www.moabooks.com
이메일 | moabooks@hanmail.net
ISBN | 978-89-97385-37-9   03570

먹지 않고, 힘들게 살을 빼는 혹독한 다이어트는 이제 그만!

다이어트 정석은 잊어라

이준숙 지음

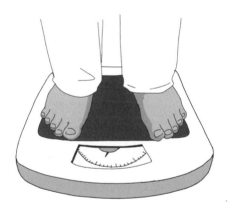

모아북스
MOABOOKS

내 몸 속의 독소를 배출하고,
몸을 회복시키는 비결은 따로 있다!

이른바 100세 시대가 가까이 다가왔습니다. 평균수명이 80년을 넘어선 지금, 백세 장수도 멀지 않은 꿈으로 보입니다. 모두가 이를 눈부신 의학기술의 발전 덕이라고 말합니다. 물론 의학기술의 발전은 질병 치료를 용이하게 하면서 인간 수명 연장에 획기적인 기여를 했습니다.

하지만 수명 연장의 꿈이 이루어졌다 한들, 그것이 늘 건강한 삶을 보장하는 것은 아닙니다. 최근 현대인들을 괴롭히는 만성질환을 살펴봅시다. 비단 병원에 입원한 사람들은 제외하더라도, 현대인 대다수가 원인 모를 질병에 시달리거나 만성질환 보유자들입니다. 또한 많은 수가 당장은 질병에 걸리지 않더라도 머잖은 시일 안에 질병을 얻을 가능성이 높은 준 환자인 경우도 많습니다.

이런 상황에서 단순히 수명이 연장되었다고 기뻐할 일만은 아닙니다. 더 오래 살 수 있다고 한들, 그 삶이 크고 작은 질병의 덫에 걸린 삶이라면 오래 산다는 것이 기쁨만은 아닐 것이기 때문입니다. 이 때문에 요즘의 건강법은 그저 오래 사는 것이 아닌, '건강하게' 오래 사는 것에 초점이 맞춰지고 있으며, 그렇게 탄생한 것이 바로 대체의학입니다.

대체의학은 다양한 요법들로 인체가 가진 본래의 면역력을 높여 질병을 예방하고 치료하는 것을 목적으로 합니다. 대체의학의 요법들은 영양요법, 해독요법, 운동요법, 온열요법, 아로마 요법, 마사지 요법 등 다양한 분야가 있지만, 이 책에서는 질병의 근원인 인체 독소를 제거하는 해독요법(디톡스)과 그에 따른 올바른 건강한 다이어트 방법을 다룰 것입니다.

디톡스와 자연치유력

디톡스란 다양한 오염들로 인해 우리 몸에 쌓인 유해 독소들을 체외로 배출해 몸을 깨끗이 함으로써 질병과 싸우는 면역력을 높이는 해독요법을 말합니다. 디톡스에는 대략 300가지 종류가 있는데, 최근 해독에 대한 관심이 높아지면서 많은 이들이 전문기관이나 가정에서 해독요법을 실시하고 있는 상황입니다.

디톡스의 핵심은 인체의 자연치유력의 증대에 있습니다. 피부에 상처가 났을 때 간단히 소독만 해주면 다시 새 살이 돋아 상처가 아무는 것처럼, 인체는 스스로 질병을 치료하고 예방할 수 있는 힘을 가지고 있습니다. 하지만 사람마다 이 자연치유력의 정도는 다릅니다. 건강한 생활습관과 식습관을 영위하는 사람은 면역체계가 튼튼한 반면, 오랫동안 불건전한 생활과 식습관을 유지해왔다면 면역체계가 약할 수밖에 없습니다. 즉 인체의 자연치유력도 통장의 잔고와 다를 바 없습니다. 헤프게 꺼내 쓰고 아낄 줄 모르면 반드시 쉽게 고갈되고 맙니다.

한편 건강한 생활습관과 식습관을 유지한다고 해도 우리 주변에는 면역력 잔고를 갉아먹는 다양한 요인들이 존재합니다. 바쁜 현대 생활에 필연적으로 따라오는 스트레스, 대기와 흙의 오염, 거주지의 오염 등 다양한 환경적 요소들이 우리의 면역체계를 위협합니다. 이렇게 내외부의 원인으로 독소들이 몸 안에 쌓이면 이것이 질병을 불러오는 것입니다. 반면 디톡스를 생활화하게 된다면 이 독소들이 우리 몸에 쌓이지 않고 배출되어 인체의 면역력 균형이 되살아나게 됩니다.

디톡스와 비만

같은 음식을 먹어도 어떤 사람은 살이 찌고, 어떤 사람은 살이 찌지 않습니다. 흔히 비만을 단순히 칼로리 문제로 보는 경우가 많은데, 비만 역시 독소와 큰 관련이 있습니다. 불규칙하고 불건전한 식습관으로 몸 안에 독소가 많이 쌓이면 인체 대사량이 저하되어 칼로리를 태우는 데 문제가 생깁니다. 또한 신체 활동이 원활하지 않으면 심리적으로도 불안정을 야기하여 음식에 대한 통제력을 상실할 가능성이 높습니다. 따라서 그저 칼로리를 제한 하거나 굶는 방식으로는 결코 건강하게 살을 제대로 뺄 수 없으며, 설사 빼더라도 대부분 요요현상을 겪게 됩니다. 다이어트 프로그램을 진행하다 보면 한 가지 사실을 발견하게 됩니다. 비만 역시 크게 보면 하나의 질병일 수 있다는 사실에 대해 인정하는 분들이 많지 않다는 점입니다. 비만 역시 불균형한 영양 상태, 원활하지 않은 대사 작용, 독소의 축적 등과 큰 관련이 있음에도, 무조건 단기간에 절식을 하면 살을 뺄 수 있다고 믿는 것입니다.

단언컨대 이는 결코 건강한 방법이 아닐뿐더러 효과도 오래 가지 않습니다. 비만은 몸 안에 불필요한 독소가 쌓여 발생하는 현상입니다. 따라서 몸 안에 쌓인 독소를 적절한 디톡스로 배출하고, 그렇게 비워진 몸에 건강하게 균형잡힌 영양소를 채워 넣는 일이 선행되어야 합니다. 즉 다이어트는 살을 빼는 일이 아닌 독소를 빼는 일로 생각해야 합니다. 실로 많은 해독요법이 있지만, 다이어트만큼 원천적이고 훌륭한 해독 요법은 없습니다.

디톡스 다이어트를 평생 건강 습관으로

많은 분들이 필자의 다이어트 프로그램을 경험한 뒤 삶의 기쁨을 되찾았다고 말씀하십니다. 이유는 다른 것이 아닙니다. 그저 살만 빼는 다이어트가 아닌, 건강과 젊음을 근본적으로 되찾는 다이어트만이 진정한 다이어트이기 때문입니다. 나아가 다이어트나 디톡스는 단 한 번으로 끝나는 것이 아닙니다. 일회성 디톡스나 다이어트는 결코 우리의 건강을 바꿀 수 없습니다. 디톡스와 다이어트가 필요한 이유는 이를 삶 속의 건강한 습관으로 받아들여 질병과 싸우는 면역력을 지속적으로 높이기 위함입니다.

혼히 길을 걷다 보면 나이보다 젊어 보이는 분들을 만나게 됩니다. 이 모두는 평생 동안 건강한 생활습관을 유지해온 경우가 많습니다. 다이어트와 디톡스도 마찬가지입니다. 이 둘을 습관으로 만들면 질병도 늙음도 무서울 게 없습니다. 이 두 가지야말로 사람을 가장 아름답게 만드는 가장 꾸밈없는 명품이 아닐까 싶습니다.

이 책은 단순히 다이어트와 해독요법을 소개하는 데 머물지 않고, 건강관리 프로그램을 스스로 운영하고 타인에게도 적용할 수 있도록 보다 현실적인 매뉴얼로 정리해 놓았습니다. 많은 분들이 이 책을 통해 건강과 젊음을 되찾고 다이어트와 해독에 대한 많은 지식과 믿음을 얻어가시기를 바랍니다.

이준숙

| 차 례 |

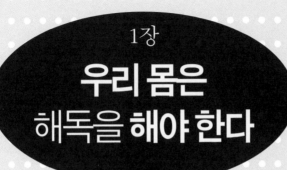

1장

우리 몸은
해독을 해야 한다

1) 우리 몸은 병들어 있다

최근 들어 막상 아픈데 병원을 찾아가면 정확한 병명을 모른다는 진단을 받는 일이 잦아지고 있습니다. 유명한 병원을 전전하며 다양한 검사를 받아도 원인을 알 수 없으니 치료 받기도 어렵습니다. 그저 돌아오는 말은 '신경성'이나 '스트레스성' 같으니 마음을 편히 먹으라는 말뿐입니다.

원인불명 질환의 대표적인 것들로 만성 두통, 불면증, 무기력증 등을 들 수 있는데, 이런 증상들의 경우 본인은 고통스럽지만 딱히 증상이 밖으로 드러나지 않아 주변의 배려를 받을 수 없기 때문에 환자의 고통도 가중될 수밖에 없습니다.

뿐만 아니라 처음에는 지속되지 않던 질병이 점차 만성화되는 것도 문제입니다. 만성피로나 만성변비, 만성위염처럼 질병이 생활의 일부로 자리 잡아도 딱히 치료법을 찾기 어려운 것이 현실입니다. 그렇다면 이런 원인불명의 질환, 만성질환은 어디서 비롯되는 것일까요?

독소가 자연치유력을 파괴한다

인체에는 자연치유력이라는 것이 존재합니다. 인체는 생명활동을 유지하기 위해 각각의 기관들이 정교하게 연관되어 움직입니다. 한 예로 음식물이 들어오면 입에서 저작활동으로 잘게 쪼개진 음식물을 위로 보냅니다.

위에서 소화된 음식물은 영양소를 취한 뒤 대장으로 흘러들고, 이 과정에서 오염된 물질은 간과 신장이 해독하여 정화시키고, 남은 찌꺼기는 대장을 통해 배설됩니다.

이처럼 정교한 프로세스를 가진 인체에 질병을 막는 장치가 없을 수 있을까요? 어머니로부터 건강한 신체를 받아 태어난 이상 인체가 애초부터 병들 리는 만무합니다. 왜냐하면 인체에는 외부에서 유입되거나 내부에서 생성된 독소나 오염물질을 일정 정도 해독하는 능력을 가지고 태어났기 때문입니다.

현대사회는 많은 독소 환경이 산재해 있습니다. 물과 공기의 오염, 포화 상태의 쓰레기, 서구화된 식습관, 인스턴트 식품의 범람 등 다양한 독소의 공격이 진행되고 있습니다. 이런 상황에서 자신의 건강을 충실하게 돌보지 않는다면 언제 건강을 잃을지 모릅니다.

실로 이런 독소 환경에서는 지속적으로 미량 또는 대량의 독소가 체내로 유입됨으로써 독소를 해독하는 인체 본연의 자연치유 능력에 과부하가 걸리도록 합니다. 나아가 자연치유력에 과부하

18

가 걸리면 그때 남는 결과는 질병 밖에 없습니다.

그럼에도 이 같은 환경 속에서 모두가 똑같이 병에 걸리는 것은 아닙니다. 어떤 사람은 다른 이들보다 증상이 심하고, 반대로 질병 증상이 전혀 나타나지 않는 경우도 있습니다. 이는 독소의 침입과 축적을 막아내는 자연치유력이 사람마다 다르기 때문입니다. 건강한 생활습관과 식습관으로 자연치유력을 최대한 키워 독소와의 전쟁에서 승리한 사람은 그렇지 않은 사람에 비해 건강할 수밖에 없는 것입니다.

질병을 치료하려면 독소부터 없애야 한다

질병에 걸렸다는 것은 내 몸 안에 처치 곤란한 독소가 잔뜩 쌓였다는 의미입니다. 따라서 이 독소의 존재에 관심을 기울이지 않는다면, 치료로 곤란해질 수밖에 없습니다. 한 예로 아토피나 천식, 만성두통 등의 원인불명의 질병들의 경우 단순한 약물 복용만으로는 치료가 쉽지 않다고 전문가들도 인정하는 상황입니다. 이미 독소로 인해 면역력이 약화된 상태에서 무분별한 약물 투여는 오히려 상황을 악화시킬 수 있습니다.

이 과정에서 제일 먼저 해야 할 일은 몸 안에 축적된 질병의 원인인 독소를 제거하여 해독 기관의 정상화를 돕는 일입니다. 만

일 이것을 건너뛰고 약에 의존한다면, 약으로 인한 독소가 2차적
으로 면역력을 파괴할 수 있음을 명심해야 합니다. 하지만 아직도
많은 분들이 독소의 존재에 관심을 두지 않거나, 이에 대해 무지한
것이 현실입니다. 나날이 만성질환과 원인불명의 질환들이 늘어
가고 있다는 것도 이 사실을 반증한다고 할 수 있을 것입니다.

　다음은 내 몸이 얼마나 독소에 중독되어 있는지를 살펴볼 수
있는 자가진단 테스트입니다. 내 몸 속에 독소 수치가 얼마나 높
은지를 이해하는 것이 디톡스의 첫 걸음입니다. 꼼꼼히 진단해보
고 다음 장으로 넘어가도록 합시다.

● 이것만은 알고 넘어가자 : 내 몸은 얼마나 독소에 중독되어 있을까?

　다음의 항목들 중에 자신에게 해당되는 것에 동그라미를
쳐봅시다. 동그라미가 많을수록 독소 수치가 높은 것이므로
디톡스 실행에 더욱 적극적이어야 합니다.

▶ 담배를 피운다.
▶ 새 집에서 살고 있다.

▶ 라면이나 햄버거, 냉동식품 등 인스턴트식품을 주 3회 이상 먹는다.

▶ 고기에서 살코기보다는 기름진 부위를 좋아한다.

▶ 도시 생활을 한다.

▶ 방향제와 살충제, 곰팡이 살균제 등을 일상적으로 사용한다.

▶ 오래 앉아 있는 직업이다.

▶ 일상 속에서 스트레스를 많이 받는다.

▶ 버스나 자가용 등 운전하거나 차 안에 있는 시간이 많다.

▶ 회식이 잦고, 과식하는 일이 있다.

▶ 음식을 빨리 먹는다.

▶ 야채 없는 식단에도 거부감이 없다.

▶ 자극적인 음식을 좋아한다.

▶ 집안과 사무실 안에 화초가 없거나, 있더라도 건강하지 못하다.

▶ 냉장고가 꽉꽉 차 있어야 안심이 된다.

▶ 플라스틱이나 알루미늄 식기를 사용한다.

2) 잘못된 식습관,
우리 몸에 독을 쌓는다

건강한 삶을 추구하는 웰빙 열풍이 불고 있는 지금도, 가끔씩 대형 마트에 가보면 놀라움을 금치 못할 때가 있습니다. 빼곡하게 진열된 가공식품과 인스턴트식품의 종류와 수에 일단 놀라고, 장을 보는 이들의 장바구니에 그런 식품들이 가득가득 담겨 있다는 사실에 또 한 번 놀라게 됩니다.

인스턴트와 가공식품은 되도록 먹지 않고 신선한 제철 야채와 과일, 유기농 식품 등을 자주 섭취하는 것이 좋다는 것은 다 알아도 건강한 식습관을 가지는 일은 하루아침에 이루어지지 않는다는 점을 새삼 깨닫게 됩니다. 하지만 식습관은 우리 삶의 근본을 이루는 뼈대입니다. 우리의 몸은 정직해서 먹는 것만큼 건강해지거나 나빠집니다.

많은 독소 전문가들은 우리 몸에 유입되는 다량의 독소 대부분이 음식물을 통해 들어온다고 지적합니다. 즉 음식을 어떻게 먹는가가 건강과 질병에 직접적인 영향을 미친다는 뜻입니다.

식품첨가물의 공격

　얼마 전 주목할 만한 건강프로그램인 KBS1〈생로병사의 비밀〉에서 충격적인 사실 하나가 발표된 적이 있습니다. 한국인이 1년 동안 섭취하는 식품첨가물의 총량이 무려 25kg에 육박한다는 사실입니다. 얼마나 어마어마한 양인지 짐작가지 않는다면, 쌀 한 가마니와 비교해보면 쉬울 것입니다.

출처 - 〈생로병사의 비밀 : 내 몸에 독이 쌓인다〉

　놀라는 분들도 많을 테고, 이 많은 식품첨가물이 대체 어디에서 왔을까 궁금한 분들도 계실 것입니다.

　위의 캡처에서도 볼 수 있듯이 식품첨가물은 백제, 발색제, 착색료, 감미료, 보존료 등 종류가 다양하며, 아무리 자연친화적인 식품이라고 광고해도 일단 가공을 거친 식품에는 반드시 이 첨가물이 일정 정도 들어갈 수밖에 없습니다. 많은 전문가들이 가공을 거치지 않은 자연식을 입이 닳도록 강조하는 것도 이 때문입니다. 그렇다면 왜 전문가들은 첨가물을 위험하다고 말하는 것일까요?

이것은 이 첨가물들이 해독 기관의 과부하라는 치명적인 인체 손상을 불러오기 때문입니다. 이 첨가물들은 인체 친화적이지 않은 유해물질이다. 체내로 들어오면 반드시 해독 과정을 거쳐야 하는데, 그 양이 많을 경우 해독기관이 과부하에 손상되어 제기능을 잃으면서 몸안에 더 많은 독소가 쌓이게 됩니다.

식품첨가물이 다량 첨가된 음식을 장기간 섭취한 이들에게서 공통적으로 높은 간수치가 발견되는 것도 이 때문입니다. 간은 인체 최대의 생화학 공장이라 불릴 만큼 많은 독소 처리를 담당하는데, 간수치란 간의 세포가 죽고 재생되는 수치로서 정상적인 간수치는 40 미만인 반면 장기적으로 인스턴트와 패스트푸드를 섭취한 이들의 경우 그 두 배 내지 세배를 상회합니다.

간수치가 높다는 것은 간의 세포들이 재생하는 것보다 죽는 것이 많다는 의미인데, 이런 상황이 장기화될 경우 간의 기능이 떨어지거나 심할 경우 심각한 간 질환으로 발전할 수 있습니다.

실로 위의 〈생로병사의 비밀〉에서 추적한 장기 패스트푸드 섭취자들의 공통된 증상은 무기력증, 두통, 피로감 등이었는데, 이 모두가 바로 간의 손상에서 오는 증상들임을 볼 때 식품첨가물이 인체 해독 기관에 미치는 영향이 얼마나 지대한지를 알 수 있습니다.

장 건강이 무너지면 마음도 무너진다

예로부터 먹을거리가 사람의 성격에까지 영향을 미친다는 말이 있습니다. 다양한 연구 결과, 육식을 많이 하는 사람의 경우 채식을 주로 하는 사람보다 호전성이 높다고 합니다. 굳이 인간이 아니라도 육식동물과 채식동물의 성격 차이만 봐도 먹을거리와 성격과의 관련성은 아주 믿지 못할 이야기는 아닐 것입니다.

다만 인간은 잡식성인 만큼 채식이건 육식이건 신선한 재료를 적절히 균형 맞춰 먹는 것은 큰 문제가 아닙니다. 문제는 현대사회에서는 질 나쁜 가공 식품을 장기적으로 섭취하는 경향이 일반화되고 있다는 점입니다.

일명 패스트푸드라고 불리는 햄버거, 감자튀김, 피자 등을 미국에서는 정크푸드라고 부릅니다. 정크란 일명 '쓰레기'라는 뜻으로 그만큼 패스트푸드는 영양학적으로 질이 낮은 식품으로 알려져 있습니다. 단지 값싸고 간편하다는 이유로 이 정크푸드를 섭취하는 이들이 증가하고 있는데, 여러 연구 결과에 의하면 이 정크푸드를 장기간 섭취할 경우 인체 균형이 무너지면서 호르몬 이상이 발생해 심각한 무기력증과 신경증 등을 앓게 될 위험이 높다고 합니다.

언뜻 감정은 마음에서 발생하는 것이라 여기기 쉽지만, 결과적으로는 호르몬과 깊은 관련이 있습니다. 호르몬이란 우리 심신의 균형을 조절해주는 필수 물질로서 호르몬에 이상이 생기면 다양한 질병이 발생하게 됩니다. 그중에서도 우리 감정과 신체 대사에 영향을 주는 호르몬이 바로 세로토닌인데, 세로토닌이 원활히 분비될 때 우리 감정은 평온하고 활기에 넘치게 되는 반면 반대로 세로토닌 분비에 이상이 생길 경우 무기력한 감정, 우울한 감정에 빠지게 됩니다. 그런데 이 세로토닌과 가장 밀접한 관계에 있는 장기가 있습니다. 바로 장입니다. 세로토닌의 90%가 바로 장에서 생성되며, 때문에 장 건강은 우리의 감정과도 직결된다고 볼 수 있습니다.

패스트푸드나 인스턴트가 긍정적인 감정을 막고 공격적이거나 산만한 감정을 막는다는 연구 결과도 이처럼 장 건강과 세로토닌 분비와 관련이 있습니다. 이때 패스트푸드와 인스턴트는 간의 해독과 대사 작용을 막을뿐더러 장벽을 공격해 촘촘했던 장 조직을 느슨하게 만들어 온몸으로 독소가 퍼지게 됩니다. 나아가

장내에 존재하는 유해세균을 증가시키게 되는데, 이 유해세균들이 만들어내는 독소가 세로토닌의 합성을 저해하게 되어 감정적 변화에도 영향을 주게 되는 것입니다.

과대행동장애인 ADHD인 아이들이 증가하고 있는 것도 비슷한 이유입니다. 최근 청소년과 아동의 식습관 문제에 대한 다양한 연구 결과에 따르면, 패스트푸드와 인스턴트를 지속적으로 섭취한 어린이와 청소년의 경우 학습능력이 심각하게 떨어지고, 공격적 성향이 강한 것으로 드러났습니다.

나아가 이런 독소들은 비단 음식물 섭취에서만 발생하는 것은 아닙니다. 다음은 우리가 꼭 알아야 할 독소 유입 경로들을 살펴본 것인 만큼 잘 살펴보고 항상 독소에 대응할 수 있는 건강한 방안 마련에도 고심해야 합니다.

● 이것만은 알자 :
다양한 독소 환경을 살펴 철저히 방지하자

- 수은 등 중금속의 공격

우리나라와 일본처럼 바다로 둘러싸여 있고 어패류를 많이 섭취하는 나라의 국민들은 그렇지 않은 나라의 국민들에 비해 체내 중금속 수치가 월등히 높습니다. 이는 어패류에 포함된 수은 등 중금속에 의한 것으로 평소 어패류를 섭취할 때 몸집이 큰 어류는 지양하는 것이 좋습니다. 또한 같은 바다에서 나왔더라도 미역이나 다시마와 같은 해조류에는 중금속을 배출하는 성분이 많은 만큼 어패류 섭취 시 함께 섭취하도록 합니다.

- 농약의 공격

대량 생산 농업이 발달하면서 최근 생산되는 거의 모든 농작물에는 농약 성분이 검출되고 있습니다. 농약은 눈에 보이지는 않으나 우리 몸에 독소로 쌓여 치명적인 손상을 일으킬 수 있는 만큼, 평소 유기농 농작물을 애용하고 설사 일반 농작물을 구매했더라도 깨끗이 씻어 철저히 농약을 제거해야 합니다.

- 새집증후군의 공격

아토피와 천식 등 알러지 질환의 가장 큰 원인 중에 하나는 새집증후군입니다. 새집증후군이란 집을 짓거나 인테리어를 할 때 사용되는 화학 자재나 본드, 미세먼지 등이 체내에 침투해 일으키는 알러지 반응이나 무기력감, 통증 등을 뜻합니다. 새집증후군을 예방하려면 평소 자주 환기를 시키고, 독성 물질 제거 효과가 있는 화분 등을 집중적으로 배치하면 좋습니다.

- 체내 활성산소의 공격

인체는 필연적으로 호흡을 하는 과정에서 불연소된 활성산소를 만들어냅니다. 이 활성산소는 일종의 독성 찌꺼기로서 세포 활성 물질인 미토콘드리아를 공격해 변형시킴으로써 몸을 녹슬게 만들어 비정상 세포, 암세포 등을 만들어냅니다. 활성산소는 호흡뿐만 아니라 스트레스, 과식, 음주와 흡연 등으로도 발생하는 만큼 평소 소식하고 적절한 운동과 금연, 금주를 실행해야 하며, 항산화 작용을 하는 비타민과 단백질, 미네랄 등을 충분히 섭취해야 합니다.

3) 독소로 인해 나타나는 질병들

몸에 질병이 찾아오는 것은 결국 독소와의 싸움에서 패배한 인체 해독 기관이 제 기능을 다하지 못할 만큼 망가졌다는 증거입니다. 인체 최대의 해독 기관인 간의 경우, 체내로 유입하는 독들이 다른 장기에 퍼지지 않도록 모아두는 역할을 합니다. 그런데 이렇게 간에 갇힌 독소는 그대로 머무는 것이 아니라 다양한 염증 반응을 일으키고, 이 염증이 장기화되면 간이 제 기능을 잃고 다양한 질병이 발생하게 됩니다.

마찬가지로 비단 간뿐만 아니라 몸 전체에 쌓인 독소들 역시 염증 반응을 일으키게 되는데, 이처럼 독소로 인해 발생하는 질병은 종류가 매우 다양하며, 따라서 독소가 제거되기까지는 치료가 매우 힘들다고 할 수 있습니다.

독소가 쌓여 발생하는 질병들

● 만성피로증후군

인체는 섭취한 음식물에서 일상생활에 필요한 에너지를 쓴 다음 불필요한 노폐물을 체외로 배출합니다. 배설이 이 역할을 하는 것인데, 배설과 직접 연결된 장기와 이 기능과 연관된 장기가 제 기능을 하지 못하면 노폐물들이 그대로 몸속에 쌓여 부패하면서 건강을 해치는 독소가 됩니다. 이 독소들은 몸 속 곳곳에서 염증을 일으키고 신진대사를 방해하는데, 만성피로증후군은 독소의 신진대사 방해 작용으로 인한 대표적인 질환으로 무기력감, 졸음, 피로 등을 몰고 옵니다.

● 두통

두통은 여러 요인이 있으나 그중에 가장 큰 것은 오염된 혈액으로 인한 장내의 오염이다. 장이 오염되면 가스가 차고 내압이 증가하게 되는데 이것이 전신으로 퍼지면 두통을 불러오는 것이다. 두통 환자들 중에 많은 수가 어깨 결림, 식욕부진, 트림, 변비 등을 함께 앓게 되는 것도 이런 이유 때문이다. 이때 디톡스 요법을 통해 장의 독소 배출을 도우면 혈액의 오염을 막아 이로 인한 전신 통증, 나아가 두통을 다스릴 수 있게 된다. 비단 장내 오염뿐만 아니라 위장에 문제가 생기는 위장장애도 비슷한 기전으로 치유될 수 있습니다.

● 피부질환

독소 배출에 문제가 생길 시 가장 먼저 드러나는 병증 중에 하나가 피부 질환입니다. 피부는 건강의 창(窓)이라 불릴 만큼 우리 건강 상태를 눈으로 보여줍니다. 독소가 정체되어 배독이 막히면 피부가 거칠어지고, 심할 경우 크고 작은 염증이 생길 수 있습니다. 독소로 인한 피부 질환은 독소를 제거하는 디톡스를 시행하면 서서히 사라지며, 얼굴색이 맑아지는 미용 효과도 볼 수 있습니다.

● 당뇨

당뇨병의 경우 혈당에 문제가 생겨 발생하는 병이지만 근원적으로는 장내 부패가 큰 원인이라고 알려져 있습니다. 이 경우는 당뇨병에 치명적인 고단백·고지방 식품을 멀리하고, 과일과 야채를 많이 섭취하며 장내 부패를 막는 디톡스 요법을 실시하면 증진 효과를 볼 수 있습니다. 다만 이때 대증치료의 화학약제인 혈당강하제를 중지해야 우리 몸도 자기 힘으로 당뇨를 극복할 수 있습니다.

● 암

우리가 가장 두려워하는 질병 1위인 암은 가장 고치기 힘든 난치병으로 알려져 있습니다. 암의 원인은 식습관 문제와 스트레스, 유전적 문제 등이 복잡하게 얽혀 있지만 기본적으로 유해 물질로 인한 몸의 노화가 근본적인 원인입니다. 다양한 독소가 침범해 대사 활동이 둔해지면 체내에서 암모니아 질소 대사물이 발생하는데, 이 대사물이 강력한 발암물질인 니트로소아민 등을 만들어내게 되는 것입니다. 따라서 건강한 식생활과 동시에 적절한 디톡스 요법으로 대사를 원활히 해서 독소를 배출하고 노화를 방지하면 암을 예방하는 데 큰 도움이 됩니다.

면역 질환 또한 독소의 문제다

최근 한 집 걸러 한 사람은 아토피를 앓고 있다는 통계가 있습니다. 불과 10년 전만 해도 이 질환은 어린아이들의 병이었는데, 이제는 성인들도 자유롭지 못합니다.

일반적으로 병원에 가면 아토피 치료는 스테로이드 제제를 통해 이루어집니다. 하지만 스테로이드 제제는 장기간 사용할 경우 인체 면역력을 의존적으로 만드는 등 다양한 부작용을 일으키며, 몸 자체의 자연치유력을 망가뜨릴 수 있습니다.

이런 면역 질환을 앓고 있는 환자들의 경우, 장 기능이 약화되면서 면역력이 극도로 떨어져 있는 것을 볼 수 있습니다. 장은 인체 장기 중에 가장 큰 면역 기관으로서 장내 대사에 문제가 생겨 장이 약해지면 몸 전체의 면역력이 하락되면서 다양한 질병이 나타나게 됩니다. 이때 장의 건강을 되살려 면역력을 높여주면 아토피나 천식 같은 면역 질환의 상당 부분이 개선되는 것을 볼 수 있습니다.

특히 장을 약하게 하는 것은 음식물로 섭취하거나 환경에 의한 독소 등인데, 이런 독소들은 장내 유해세균을 증가시켜 장 내 환경의 질을 떨어뜨리는 만큼 음식과 환경을 조심하고 장 해독을 실시해 면역력을 회복할 필요가 있습니다.

4) 굶으면 내 몸을 망친다

최근 간헐적 단식이 유행입니다. 단식이 몸의 독소를 제거해주고 신체를 활성화시켜준다는 사실이 밝혀졌기 때문입니다.

일반적으로 진행되는 간헐적 단식은 섭취 열량을 0kcal로 유지하고, 음식물은 물밖에 먹지 않는 것이 정석입니다. 이처럼 굶는 시간이 어느 정도 지속되면 몸의 대사가 활발해지고 독소가 배출되는 효과가 있습니다. 때문에 바쁜 생활 속에서 적잖은 이들이 간헐적 단식으로 디톡스를 시행하는데, 문제는 건강 상태의 회복, 나아가 다이어트를 하기 위해 무리한 단식을 시행할 때입니다.

건강 증진, 나아가 다이어트를 위해 굶기를 선택하는 사람들이 많아지고 있습니다. 하지만 단식에 대해 제대로 이해하지 못한 채 시행할 경우, 심각한 요요현상을 겪거나 영양실조, 탈모, 생리불순, 무월경, 골다공증 등 심각한 부작용에 노출될 가능성이 높습니다. 더 큰 문제는 이후 다시 정상적인 식이요법을 재개한다해도 예전의 건강한 상태로 회복하기가 쉽지 않다는 점입니다.

무조건 굶는다고 될까?

디톡스와 다이어트는 불가분의 관계입니다. 다이어트를 제대로 하고 나면, 몸 안의 독소들이 배출되고 세포가 건강해집니다. 다이어트를 하고 난 뒤 몸이 건강해졌다고 느끼는 사람이 많다고 느끼는 것도 이 때문입니다. 그러나 이처럼 우리 몸에 도움을 주는 다이어트도 무조건 굶는 방법으로는 건강 증진 효과를 볼 수 없습니다.

흔히 다이어트의 왕도는 식이요법이 70%, 운동이 30%이라고 합니다. 즉 식이요법이 매우 중요하며, 실제로 많은 사람들이 식이요법을 주된 다이어트 법으로 활용합니다. 그럼에도 그 성공률이 극히 낮은 것은 많은 이들이 이 식이요법을 단순히 절식이나 굶는 일로 여기기 때문입니다. 이런 다이어트 식이요법을 만성적으로 반복하다 보면 요요현상뿐 아니라 만성 질환에 시달릴 수 있습니다.

한 조사 결과에 따르면 무리한 단식이나 절식하는 다이어트 방법은 결과적으로 심각한 상태를 야기한다고 합니다. 지방량을 감량하겠다고 무조건 굶거나 지나친 절식을 시도할 경우, 우리 몸은 오히려 위기감을 느껴 쉽게 체지방을 내주려고 하지 않게 됩니다. 즉 그때부터 우리 몸은 다시 굶게 될 시기를 대비하기 위해 영양분을 지방의 형태로 자꾸만 축적하려고 하고, 일단 이런 현상이 벌어지면 같은 양의 음식을 먹어도 예전보다 더 체중이 증가하게 됩니다.

굶는 다이어트를 자주 시행할수록 오히려 살이 잘 찌는 체질로 변하는 것도 이 때문입니다.

건강을 무너뜨리는 굶기

나아가 극단적인 단식은 지방보다는 근육과 뼈의 양의 손실을 가져온다는 점에서 더 위험합니다. 일단 굶기 시작하면 우리 몸에서는 제일 먼저 수분이 빠져나가기 시작합니다. 그리고 더 이상 빠질 수분이 없어지면, 그 다음으로는 포도당을 분해해서 사용하고, 그간에도 음식물이 들어오지 않을 경우 근육의 단백질까지 분해하여 에너지로 사용하게 됩니다. 많은 이들이 굶으면 지방을 가장 먼저 사용할 것이라고 생각하지만, 이처럼 모든 유용한 에너지를 다 사용한 뒤에 지방은 제일 마지막 단계에서 분해되는 것입니다.

나아가 이 단계까지 버틴다는 것도 사실상 무리입니다. 굶기로 지방마저 분해되기 시작한 기아 상태에서 온전히 일상 생활을 영위한다는 자체가 불가능하기 때문입니다. 평소 활기차게 생활하던 사람도, 이 정도의 상황에 놓이면 갖가지 이상 신호로 인해 병원을 찾아야 할지도 모릅니다.

즉 잘못된 다이어트를 반복할수록 근육과 뼈는 줄고 지방은 늘어나는 고체지방률의 '마른 비만'이 될 수 있습니다. 비록 몸무게는 좀 빠졌다 해도 체지방률이 올라가므로 고혈압, 당뇨, 뇌졸중 등의 원인이 될 수 있는 만큼 지나친 절식은 건강을 위해서도 지양해야 합니다.

건강을 잃는 것은 순간이지만, 회복하려면 몇 배의 노력이 필요합니다. 무턱대고 제대로 이해하지도 못한 정보를 내 몸에 실험하는 것과 다름없다는 점을 기억하고, 지나친 절식은 건강을 위해서도 지양해야 합니다.

5) 독소와 비만은 만병의 근원이다

흔히 비만은 만병의 근원이라고 부릅니다. 문제는 비만 인구가 늘어갈수록 비만에 대한 인식은 높아졌지만, 그럼에도 독소와 비만의 관계에 대해서 아는 이들이 많지 않다는 점입니다. 비만이 만병의 원인이라 불리는 가장 큰 이유는 과도하게 축적된 지방세포에는 반드시 독소가 쌓여 있기 때문입니다.

우리가 음식물에서 지방을 섭취할 경우 우리는 적지 않은 독소도 함께 섭취하게 됩니다. 환경호르몬이나 여타 독소는 지방세포에 가장 많이 쌓여 있는데, 이는 우리가 섭취하는 육류나 여타 지방 식품에서도 마찬가지입니다. 특히 육류를 먹을 때 지방질을 잘 제거해 먹어야 하는 이유가 여기에 있습니다.

물론 적당량의 지방일 경우는 인체 대사작용을 거쳐 에너지원으로 분해되고, 이때 독소도 함께 분해되어 배출됩니다. 하지만 섭취한 지방의 양이 과도해 인체의 처리 범위를 넘어서게 될 경우 분해되지 못한 지방이 그대로 체내에 축적되고, 이때 독소도 함께 축적되게 됩니다.

독소와 비만의 악순환

문제는 이렇게 체지방 속에 축적된 독소가 결과적으로 비만을 가속화시킨다는 점입니다. 비만에서 벗어나려면 인체의 지방세포 분해 활동이 원활해야 합니다. 그런데 체지방에 축적된 독소는 지방세포에 단단히 들러붙어 지방세포의 분해를 방해하게 되고, 이런 현상이 장기화되면서 우리 몸은 점차 살이 찌기 쉬운 체질로 변하게 됩니다.

최근 비만 관련 학회에서 독소 문제가 대두되면서 단순히 절식과 운동만으로는 살을 빼기 어렵다는 이야기가 나오는 이유도 여기에 있습니다. 지방세포에 촘촘하게 쌓인 독소를 제거하지 않고는 살을 빼기 어려우며, 설사 살을 뺀다 해도 요요현상이 올 수 있다는 이야기입니다.

앞서 보았듯이 아토피는 단순히 스테로이드제 연고를 사용한다고 해결되지 않습니다. 디톡스적 관점에서 아토피는 장의 면역력을 강화해 장내 유해세균을 억제하고 면역력의 증대를 도와야 치료가 가능합니다.

이는 치료가 어렵다는 비만도 마찬가지입니다. 살을 빼겠다고 무리한 단식이나 지방 절제술 등을 받는 경우가 많은데, 결코 이런 방법으로는 비만 치료가 쉽지 않다는 것입니다.

비만은 체지방에 독소가 쌓여 있는 상황인 만큼 몸속의 독소를 먼저 빼냄으로써 지방세포의 분해를 가속화시키는 과정이 반드시 필요합니다. 이 과정이 꼭 동반되어야만 식이요법과 운동을 병행할 때 그 효과를 볼 수 있습니다.

디톡스 다이어트가 필요한 이유

나아가 지방층에 갇힌 독소가 문제가 되는 이유는 이것이 혈관을 떠돌면서 유해한 활성산소를 반복 발생시켜 세포들에게 해를 입히기 때문입니다. 이렇게 잦은 세포 손상이 발생하면 고혈압, 당뇨 등 앞서 언급한 질병들이 발생하게 됩니다.

따라서 몸의 독소를 내보낸다는 것은 체지방을 줄이는 일과 연관이 있으며, 단언컨대 다이어트 없는 해독 요법은 있을 수 없고, 반대로 해독을 위해서는 반드시 다이어트가 병행되어야 합니다. 디톡스와 다이어트를 동시에 진행하는 일이 중요한 것도 이 때문입니다. 디톡스 다이어트란 해독과 다이어트 이론을 가장 현실적으로 접합시킨 다이어트로서 단순히 살을 빼는 것에 머무르지 않고 지방세포에 축적된 독소를 제거해 인체 면역력을 높은 수준으로 끌어올리는 프로그램입니다.

문제는 많은 분들이 다이어트를 떠올릴 때 그저 '살빼기'에만 초점을 맞춘다는 점입니다. 다이어트의 진정한 의미는 적절한 체중을 유지할 수 있는 의미도 있지만 더 중요한 의미는 우리 몸이 건강한 상태가 되도록 하는 것이라고 할 수 있습니다. 때문에 체중만 감량하는 것이 아니라 비우기 작업을 통해 건강한 몸을 만들면, 체중은 자연스럽게 적절하게 조절될 수밖에 없습니다. 그렇다면 디톡스 다이어트는 어떤 방식으로 이루어지며, 어떤 건강 증진 효과를 가지는지 연이어 살펴보도록 합시다.

● 이것만은 알고 넘어가자 : 과도한 체지방이 사망률을 높인다

노년 남성과 여성의 암 사망 중 각각 14%, 20%가량이 과도한 체지방에 의해 사망한다는 연구 결과가 있습니다. 비만과 정적인 생활 습관에 의한 혈중 인슐린 증가가 암 세포 성장을 부추겨 암 사망 위험이 높아진다는 것입니다. 인슐린이 증가하면 에스트로겐등 기타 다른 호르몬이 혈액 내에 동시에 증가하면서 암 발병 위험이 높아질 뿐 아니라 이미 그 병에 걸린 환자라면 암 세포 성장이 빨라지게 됩니다.

동물 실험을 통해서는 뚱뚱한 쥐일수록 암세포가 빠르게

자라는 것을 확인한 바 있는데, 이는 지방 조직에서 분비되는 여러 가지 화학물질 중 성장 속도를 증가시키는 물질이 증가하기 때문입니다.

또한 국내에서도 비만과 암에 대한 상관관계를 밝힌 최초의 연구 결과가 나와 화제를 일으킨 바 있습니다. 연세대 보건대학원 연구진이 국민건강보험공단, 미국 존스홉킨스대 보건대학원 연구팀과 체중과 사망 위험의 상관관계 연구를 위해 30~95세 한국인 120만여 명을 12년간 관찰한 결과, BMI(체질량지수) 수치가 비만(30 이상)에 속하면 그렇지 않은 사람에 비해 암 발병률이 평균 1.5배 높았다고 합니다.

비만이 어떻게 해서 암으로 발전하는지 상세한 부분은 아직 연구 중이지만, 밝혀진 사실에 따르면 비만은 체내 지방산과 세균 감염 가능성을 높이고 이상 세포의 자살을 막아 암을 일으킵니다. 또한 체지방이 많아지면 면역계가 억제되고, 염증을 만드는 단백질을 다량 분비시켜 암 발병과 성장을 촉진하며, 이로 인한 위산역류, 고혈압, 담석, 지방간 등도 식도암, 신장암, 담낭암, 간암 발병 위험도 높아지게 됩니다.

2장

**건강하려면
이젠 비워야 한다**

1) 대한민국에 불고 있는 디톡스 열풍

최근 마라톤이 인기입니다. 그런 마라톤 대회를 가보면 눈에 띄는 풍경이 있습니다. 범상치 않은 마라톤 경력자들은 보통 사람들보다 훨씬 오랜 시간 동안 스트레칭을 한다는 점입니다. 마라톤 역시 다른 운동과 마찬가지로 달리기 전에 필수적으로 준비 운동이 필요하며, 경력자일수록 준비운동에 더 철저하다는 사실입니다.

마찬가지로 디톡스에도 준비운동이 필요합니다. 해독 요법은 짧은 시간 한 번 한다고 효과가 있는 것도 아니요, 어떻게 보면 평생을 달려야 하는 마라톤과도 같습니다. 따라서 준비운동을 제대로 하게 되면 몸에 무리를 주지 않게 되고, 때문에 훨씬 큰 효과를 볼 수 있습니다.

디톡스, 비우기와 채우기

그렇다면 디톡스를 위한 준비운동이 무엇일까요? 바로 비우기입니다. 많은 분들이 디톡스에 대해 '그저 독소를 제거하는 일' 정도로 생각하시는데, 기본적으로 디톡스는 두 가지 과정으로 이루어집니다. 첫째는 비우기, 둘째는 채우기입니다. 이 채우기 과정까지 성실히 이행했을 때라야 비로소 성공했다고 말할 수 있습니다.

굳이 채우기를 강조하는 이유는 많은 분들이 디톡스에 대해 '한 번만 제대로 하면 되는 일회성 처치'라고 생각하시기 때문입니다. 만일 해독 요법이 한 순간의 컨디션을 올리는 것에 불과하다면, 그것은 이벤트일 뿐 진정한 건강 습관은 아닙니다.

해독의 목적은 일회적 치유가 아니라 습관화하는 데 있습니다. 우리가 질병을 이기고 건강하게 만들어주는 것은 해독 요법 자체가 아니라 디톡스로 인해 강화된 면역력 덕분임을 기억해야 합니다. 그러기 위해서는 '일단 비우고 끝!'이 아니라 그 비운 자리에 어떤 영양소와 어떤 생활습관을 채워넣는가에 대한 고민도 해야 합니다.

즉 디톡스의 비우기는 그저 비우기 위해 존재하는 것이 아니라 채우기 위한 것입니다. 깨끗하지 않은 진흙탕에 아무리 맑은 물을 부어도 여전히 진흙탕인 것처럼, 온몸의 세포를 건강하게 채우기 위해 세포에 끼어 있는 독소들을 먼저 제거해 깨끗한 몸으로 만드는 것입니다.

다양한 디톡스 해독 요법들

● 단식

디톡스 하면 어렵다고 생각하시는 분들이 많습니다. 아마 많은 분들이 쉽게 떠올리는 해독 요법은 단식이 아닐까 생각합니다. 실제로 단식은 오래전부터 중요한 해독 요법으로 각광 받아왔고, 최근 단식 열풍이 불면서 단식 해독 요법에 대한 관심도 높아지고 있습니다. 단식을 하게 되면 우리 몸은 일정한 기간 동안 기능을 멈춤으로써 축적된 에너지를 해독에 사용할 수 있습니다. 실제로 단식을 제대로 하면 대사 작용이 원활해지고 면역력이 증가하는 것을 확인할 수 있습니다. 하지만 단식을 통한 해독을 모두에게 적용하기에는 무리가 있습니다. 일단 단식은 일정한 기간 동안 고통을 동반하며, 심지어 적절한 지도 하에 이루어지지 않을 경우 오히려 건강을 망치는 결과를 낳을 수 있습니다.

● 장 세척

대장은 신체 내에서 가장 많은 독소가 발생하는 장기로서 불규칙한 생활습관, 불건전한 식습관 등으로 질병의 온상지가 되기도 합니다. 이때 장에 대량의 물을 투입시켜 점막에 붙어 있는 노폐물을 제거하는 것이 장 세척입니다. 장 세척을 실시하면 대장 연

동 운동이 촉진되고 대장 신경과 근육, 분비선이 원활해져 면역
력이 증가합니다.

● 커피관장

장 세척과 비슷하지만 원리는 다릅니다. 장 세척은 물로 장 점
막을 씻어내는 것이지만, 커피 관장은 커피의 카페인을 이용해
대장과 간을 자극해 노폐물을 배출시키는 원리입니다. 유기농 원
두 분말을 끓여 만든 커피 액을 장내로 유입시키면 커피 액이 대
장과 간을 함께 자극하여 기능을 활성화하게 됩니다. 커피 관장
중에는 간의 혈액순환이 활발해져 많은 노폐물이 배출되며, 이후
에는 인슐린 민감도가 높아져 섭취한 탄수화물이 지방으로 축적
되는 것을 방지할 수 있습니다.

● 반신욕

인체 해독은 비단 배설기관에서만 이루어지는 것이 아닙니다.
피부 역시 해독에서 아주 중요한 위치를 차지하고 있습니다. 눈
에 잘 보이지는 않지만 우리 피부는 호흡하고 땀을 배출함으로써
일정 이상의 해독 작용을 합니다. 특히 반신욕은 몸의 체온을 올
려 땀으로 독소를 배출하는 효과가 있는 만큼 정기적으로 해주면
효과를 볼 수 있습니다.

● 효소 요법

효소가 '신이 내린 생명의 열쇠'라 불리는 이유가 있습니다. 효소는 인체가 세포를 증식하고 골격을 늘리고 성장해가는 데 중요한 촉매 역할을 할 뿐 아니라 체내 독소 제거에도 지대한 역할을 합니다. 따라서 이 효소가 부족하게 되면 우리 몸은 생명 활동에 위험이 미치고 노화가 앞당겨지면서 질병에 걸릴 위협도 높아지게 됩니다.

효소 요법은 지속적으로 효소를 공급해주는 요법으로, 효소 부족으로 인한 면역 시스템의 파괴로 인한 각종 질병에 좋은 결과를 가져옵니다. 자기면역질병 치유가 그 좋은 예입니다. 자기면역질병이란 면역계를 이루는 세포들이 자기 세포를 적으로 착각해서 공격하면서 생겨나는 근무력증, 크론씨병, 다발성 경화증 등으로 효소 투입으로 독소를 제거하고 면역 균형을 되찾으면 서서히 증상이 완화됩니다.

● 식이요법

영양요법 또는 식사요법이라고도 부르며 영양을 골고루 섭취하고 몸에 이로운 음식을 선별, 섭취해 독소를 배출하고 질병을 이겨내는 요법입니다.

이 영양요법은 가장 먼저 환자의 증상과 식생활에서 주로 섭취하는 영양소와의 관계를 파악하는 데부터 출발합니다. 여러 조사를 통해 환자에게 어떤 영양소가 과다하거나 부족한지를 알고 그 과다와 부족분을 균형 있게 조율해주면서 활발한 신진대사를 도와 독소 배출을 유도합니다. 이 식이요법은 모든 질병에서 반드시 필요한데, 암환자의 40% 이상은 영양실조로 사망하고 적절한 영양요법을 시행한 환자들은 완치율이 높은 것도 해독이 무조건 굶는 것이 아니라 적절한 식단을 통해 이루어진다는 점을 말하고 있습니다.

● 이것만은 알고 넘어가자 :
당뇨와 고혈압, 당뇨는 해독이 필요한 병이다

현대인을 괴롭히는 대표적 질병인 당뇨와 고혈압, 고지혈증 등은 일차적으로 해독이 절실한 질병입니다. 이미 체내에 독소가 가득 쌓인 상태인데 무작정 약만 복용하다가는 화학 제재로 인한 독소까지 겹칠 수 있습니다.

예를 들어 고지혈증은 일종의 독소인 저밀도 지단백 콜레스테롤 수치가 높아져 생기는 병으로, 산화된 지방이 체내에 쌓이면서 내장 기관들의 중요한 통로들이 막혀 무기력증과 만성 피로, 두통 등을 불러옵니다. 특별히 아픈 곳에 없는데 피로가 심하고 두통을 호소하는 경우 콜레스테롤 수치가 매우 높은 경우가 많습니다.

당뇨병도 마찬가지로 기름진 음식과 지나친 외부 독소의 침입과 인체 독소 배출 기능의 저하가 만들어낸 병입니다. 특히 당뇨 독소는 열을 동반해 갈증을 호소하는데, 이는 외부 독소들이 면역 시스템을 망가뜨려 인체를 구성하는 진액 생성 기능이 마비되었기 때문입니다. 특히 당뇨는 배독 통로가 심하게 막혀 생기는 병이므로 반드시 해독이 필요합니다.

비만 또한 대표적인 독소 질환으로 구분해야 하며, 단순히 조금 먹고 운동하는 것만으로는 극복할 수 없습니다. 배독 이론에서는 비만이 지나치게 섭취한 열량이 체내에 지방 독소를 만든다고 설명하는데, 체내 배독 통로의 기능을 회복하여 체내에 잔류하고 있던 독소를 몸 밖으로 배출하면 비만도 자연스럽게 치유됩니다.

2) 디톡스, 건강 증진 효과가 있는가?

디톡스를 경험한 많은 분들이 하는 말 중에 하나는 '자신도 모르던 병이 나았다' 입니다. 다소 어리둥절하게 느껴질 수도 있겠지만, 이는 그만큼 해당 환자의 삶의 질이 상승했다는 의미입니다. 질병은 기본적으로 연쇄 고리를 가집니다. 내 몸에 어떤 질병이 있을 때 과연 정말로 그 병만 앓고 있는 것일까요?

질병이 나타났다는 것은 몸의 면역력이 무너졌다는 신호입니다. 따라서 엄밀히 말하면 그와 관련된 다른 질병들 또한 잠재되어 있거나 이미 발병한 상황인 경우가 훨씬 많습니다.

한 예로 100kg이 넘는 거구일 경우 외적으로 보면 그의 병명은 '비만' 일 것입니다. 하지만 정밀한 검진을 받아보면 비만이라는 '표제' 아래 고혈압, 당뇨, 간 질환 등 수많은 '부제' 들이 붙어 있음을 확인할 수 있습니다. 이때 디톡스를 통한 해독은 단순히 하나의 질병만을 치료하는 것이 아니라, 몸 전체의 면역력을 높여 인체 전체의 질병 방어력을 강화시키는 일이 됩니다.

디톡스로 삶을 바꿔가는 사람들

해독 요법은 어찌 보면 삶 전체의 방향을 바꾸는 일이 될 수도 있습니다. 거창하게 들릴지 모르겠지만 이것은 사실입니다.

평소 인스턴트식품과 가공식품을 자주 먹다가 건강한 유기농 식품, 채식 위주의 식단으로 바꾸면 달라지는 건 체중뿐만이 아닙니다. 류머티즘과 관절염, 두통, 생리통, 심지어는 고혈압과 당뇨, 암과 같은 극단적인 질환도 반드시 차도를 보일 수밖에 없습니다. 이는 음식을 통한 디톡스가 결과적으로 면역력의 균형을 바로잡아 자연치유력을 극대화시키기 때문입니다.

나아가 삶에 대한 의지도 달라질 수밖에 없습니다. 디톡스를 실시하고 생활습관을 바로 잡는 일은 결과적으로 나를 사랑하는 일이며, 바르고 건강한 삶을 실천하겠다는 의지의 표명입니다. 평소 무기력하던 사람이 해독 요법을 진행하면서 긍정적인 마음 가짐을 얻는 경우가 많은 것도 이 때문입니다.

나아가 중요한 것은 해독 요법을 일회성으로 여기는 대신, 삶 전체의 방향으로 굳혀 매일 매일 실천해가는 것입니다. 만일 우리가 내 몸을 누구보다 아끼고 사랑한다면, 결코 질병이 들어올 틈이 없습니다.

전 방위 디톡스가 중요하다

디톡스는 몸 내부를 깨끗이 씻어내는 작업인 동시에, 주변의 독소 환경을 제거하는 일 또한 필요합니다. 체내에 유입되는 독소는 대부분 음식으로부터 발생하지만, 동시에 사용하고 있는 생활용품, 생활환경의 독소 또한 주의해야 할 대상입니다.

한 예로 아토피를 앓고 있는 경우 디톡스를 통해 꾸준히 장의 면역을 기르는 동시에 평소 사용하던 화학제품을 줄이고 독소 환경을 개선하면 훨씬 좋은 효과를 볼 수 있습니다. 마찬가지로 만병의 근원이라는 비만 또한 환경 독소와 음식 독소를 조심하지 않으면 아무리 운동을 해도 비만문제를 해결하는데 어려움이 있을 수 있습니다.

가장 주의해야 할 환경 독소는 음식 다음으로 일상적으로 사용하는 생필품을 들 수 있습니다. 매일 얼굴에 바르는 화장품은 물론, 빨래를 세탁하는 세제, 설거지를 하는 주방 세제, 나아가 치약과 비누 등에는 계면활성제를 포함한 다양한 화학용해물질이 포함되어 있습니다. 이런 화학물질들은 피부에 직접 닿으면서 빠르게 흡수되어 혈관을 타고 장기 조직이나 지방에 축적되어 독소를 뿜게 됩니다. 나아가 방향제나 살충제 등도 마찬가지로 위험 물질과 다름 없습니다.

  디톡스 전문가들은 화학물질이나 항생물질 등이 발생하는 유해 독소가 상상 이상으로 큰 위협이 될 수 있음을 수차례 경고해왔습니다. 하나하나 따지다보면 대체 뭘 먹고, 뭘 쓰겠냐고 말할 수도 있겠지만, 심각한 질병이 우리 삶에 가져오는 번거로움에 비하면 이것은 아무것도 아닙니다. 나아가 생활 방식도 결국은 하나의 습관인 만큼 최대한 독소를 방지하고 줄이는 것을 습관화하면 그다지 어려운 것도 아닙니다.

  독소의 해악은 한 순간에 나타나는 것이 아닙니다. 몸에 쌓이고 쌓여 둑이 터지듯 질병을 불러온다는 의미입니다. 작은 균열이 난 댐은 얼마든지 공사가 가능하지만, 둑 자체가 무너지면 보수가 불가능합니다. 조금이라도 건강할 때, 내 주변을 둘러볼 여력이 있을 때, 독소의 위험을 충분히 인지하고 대비하는 것이 중요한 것도 그런 이유에서입니다.

3) 디톡스,
제대로 해야 효과가 있다

디톡스에 관심이 많다면 인터넷이나 서적 등만 뒤져봐도 얼마든지 충분한 자료를 찾아볼 수 있을 것입니다. 문제는 디톡스와 관련된 정보들 중에 올바른 정보와 그렇지 못한 정보가 반드시 존재하고, 이런 정보는 건강과 직결되는 사안인 만큼 정보의 진위와 가치를 충분히 선별해야 한다는 점입니다.

필자는 디톡스를 접목한 다이어트 프로그램을 진행하면서 다양한 분들을 만난 결과, 적지 않은 분들이 디톡스에 대해 많은 오해를 하고 있음을 깨닫게 되었습니다.

한 방에 모든 것을 해결할 수 있을까?

한 예로 어떤 분들은 특별한 관장 요법이나 단식만 하면 몸 안에 쌓인 독소를 한 방에 내보내고 살도 뺄 수 있을 것이라고 생각합니다. 앞으로는 디톡스와 다이어트를 한꺼번에 실시할 수 있는 놀라운 신제품이 등장할 것이라는 기대를 하기도 합니다.

물론 그렇게만 되면 더 바랄 것이 없겠지만, 우리나라에서 몇십 년간 고객들의 사랑을 받는 디톡스나 다이어트 제품을 찾기 어려운 현실을 보면, 특정 요법이나 제품 하나만으로 효과를 보기는 어렵다는 것을 알 수 있습니다.

한 예로, 여기 한 개만 먹으면 몸 안의 독소가 빠지고 원하는 체중과 몸매를 만들 수 있는 알약이 있다고 합시다. 물론 그럴 수만 있다면 더 바랄 나위가 없을 것입니다. 이것이 현실화되면 지금처럼 다양한 디톡스나 다이어트 방법도 굳이 필요가 없을 것입니다. 하지만 현실은 그렇지 않습니다. 다양한 다이어트 방법, 다양한 해독 방법, 다양한 건강법들이 범람하는 이유도 아직은 완벽한 방법이 존재하지 않기 때문입니다. 아니, 해독과 다이어트, 건강은 단번에 얻어지는 것이 아닌 노력의 결실이며, 그렇기에 귀하다는 이야기도 될 것입니다.

그럼에도 아직도 많은 분들이 이런 '건강 한탕주의'의 유행에 휩쓸리는 것 같습니다. 가끔 뉴스에서 우리나라 여고생들이 외국에 있는 쇼핑몰을 통해서 살 빼는 약을 구입해서 복용하다가 사망하거나 고통을 받고 있다는 소식을 듣곤 합니다. 또는 무리한 해독 단식을 하다가 아사 상태에 놓인 분들의 이야기를 듣기도 합니다. 그런 이야기를 들을 때마다 참으로 안타깝기 짝이 없습니다. 해독과 체중 조절은 한 번의 관장, 한 번의 단식, 한 알의 약 같은 것으로 해결되는 것이 아님을 분명히 알아야 합니다. 그러기 위해서는 독소와 비만, 해독과 다이어트에 관련된 정보를 정확하게 전달할 수 있는 교육 시스템이 필수적인 이유도 이 때문일 것입니다.

충분한 정보를 통해 길을 찾자

몇 년 전에 보건복지가족부에서 '비만 바로 알기'라는 지침을 정리한 적이 있습니다. 아주 좋은 정책인 만큼 환영 받아 마땅합니다. 앞으로도 이런 정책은 일시적으로 그칠 것이 아니라 좀 더 활발하게, 좀 더 다양한 계층으로 확산해야 할 것입니다.

나아가 정확한 정보를 전달하는 역할은 비단 정부의 몫만은 아닙니다. 해독, 다이어트, 건강 이 모두의 전문가들이 경험과 전문지식을 통해 정확한 정보를 전달해야 합니다. 하지만 제품을 팔고 돈만 받으면 그만인 자본주의 시장에서 항상 올바른 정보를 만나기는 쉽지 않습니다. 개인적 측면에서 좋은 정보를 고르는 안목이 필요한 것도 그런 이유에서입니다. 디톡스와 다이어트를 실시할 때도 마찬가지입니다. 어떤 전문가 한 사람, 특정 요법 하나에 현혹되기보다는 보다 신빙성 있는 정보를 찾아 스스로 판단할 수 있는 힘을 길러야 합니다.

한 예로, 과연 세상에 존재하는 다이어트 종류가 몇 가지인지 알고 있는 사람은 몇이나 될까요? 알려진 바에 의하면, 세상에 존재하는 다이어트 방법은 약 26,000여 가지에 달한다고 합니다. 참으로 대단한 일이지요. 그뿐만 아닙니다. 잡지나 인터넷 광고, 신문만 봐도 단번에 살을 빼준다는 과대광고들이 판을 칩니다. 이런 광고를 보고 다이어트를 시도했다가 울며 겨자먹기로 돈만 버리고 건강까지 잃는 경우도 허다합니다. 그럼에도 어째서 다이어트 시장은 나날이 성장을 하고 있을까요? 현실적으로, 이 다이어트 방법들이 정말 유용하다면 다이어트 시장은 오히려 성장하는 것이 아니라 줄어들어야 할 터인데 그렇지 않은 것은 두 가지 이유 때문으로 보입니다. 첫째는 정확한 지식으로 실행하는 올바른 다이어트 방법이 제대로 정착되지 않았기 때문, 둘째는 올바른 정보를 구분하는 소비자의 안목이 형성되어 있지 않기 때문입니다. 이제 우리는 디톡스에서건 다이어트에서건 한 방에 해결할 수 있는 마법이 존재하지 않는다는 사실을 인정할 필요가 있습니다. 해독과 다이어트는 결과적으로 생활습관의 개선과 떼려야 뗄 수 없는 관계이며, 결국은 평생 동안 해나가야 하는 습관의 문제인 것입니다. 하지만 현실적으로 이를 실행하는 것은 왜 이렇게 어려울까요? 올바른 디톡스, 올바른 다이어트를 실행하기 위해서는 어떤 준비가 필요할까요?

4) 체계적인
식이 프로그램이 필요하다

축구 국가대표 선수는 각 포지션에서 가장 능력 있는 선수를 선발합니다. 개인적으로 각 포지션에 가장 뛰어난 선수를 팀워크와 감독의 지혜와 경험을 바탕으로 효과적인 훈련과 작전을 통해서 가장 뛰어난 결과를 만들어 내는 것입니다.

그런 의미에서 디톡스와 다이어트도 이처럼 뛰어난 작전, 다시 말해 체계적인 프로그램으로 이루어져야 할 필요가 있습니다. 디톡스와 다이어트가 동시에 진행되어야 하는 것도 이러한 취지에서 생각해보면 쉽게 이해할 수 있습니다. 디톡스 따로, 다이어트 따로가 아니라, 독소를 제거할 때는 반드시 비만 치유가 동반되어야 하며, 반대로 비만 치유에는 반드시 디톡스 과정이 필요하다고 볼 수 있을 것입니다. 이 두 가지가 팀을 이루어 성공한다면, 우리나라 비만 인구를 줄이는 데 큰 역할을 할 수 있으리라 봅니다.

디톡스와 다이어트는 식습관이 관건이다

그렇다면 디톡스 다이어트에서 가장 중요한 핵심을 어디에 잡아야 하는지도 다시 한 번 살펴야 할 것입니다. 앞서도 설명했듯이 디톡스에는 단식, 관장, 장세척 등 다양한 방법이 존재합니다. 문제는 이 같은 디톡스 프로그램의 경우 현실적 여건으로 인해 일회성으로 끝날 가능성이 높다는 점입니다.

정기적으로 단식이나 관장, 장세척을 하는 분들도 분명히 있겠지만, 아마 대부분은 그러기 어려운 것이 현실입니다. 나아가 체내로 유입되는 독소 중에 가장 많은 양이 음식을 통해 들어온다는 사실을 감안하더라도, 현실적으로 우리에게 가장 적합한 디톡스 다이어트는 결국 식단의 문제로 돌아갈 수밖에 없습니다. 매일 먹는 음식에서 철저하게 독소를 제거하는 것은 물론 높은 칼로리와 불균형한 영양소를 가진 인스턴트와 패스트푸드, 가공식품 등을 지양함으로써 체중 조절과 건강 증긴 효과까지 경험할 수 있기 때문입니다.

디톡스 식단이 가져오는 효과는 명백합니다. 한 예로 인스턴트와 가공식품, 패스트푸드를 자주 섭취하는 이들의 경우 정밀 검진을 해보면 높은 콜레스테롤과 비만, 고혈압, 비정상 간수치는 물론 글루타치온 수치가 일반인들보다 높게 나타납니다.

글루타치온은 간에서 만들어지는 아미노산의 일종으로 강력한 항산화작용을 통해 독소를 제거하는 역할을 하는데, 글루타치온 수치가 높다는 것은 역으로 체내에 해독해야 하는 독소가 많이 쌓여 있다는 것을 의미합니다.

놀라운 것은 인체의 자연치유력은 완전히 망가지기 전까지는 얼마든지 그 회복 능력을 간직하고 있다는 점입니다. 아무리 불량한 식습관으로 다양한 질병과 잠재적 질병이 침범한 경우라도 최소 4주 이상 디톡스 식단을 유지하면, 거의 정상치까지 회복되는 것을 볼 수 있습니다.

나아가 이득은 그것만이 아닙니다. 디톡스 식단을 통해 식생활을 개선한 대부분의 잠재 환자들이 적게는 한 달에 2~3kg에서 최대 약 7~8kg까지 체중을 감량하는 효과를 보게 됩니다. 이는 '먹는 것이 곧 우리 몸을 구성한다'는 오래된 명언을 되새기게 할 뿐 아니라, 무엇을 어떻게 먹는가가 결과적으로 건강을 좌우하는 최대의 열쇠임을 잘 보여주고 있습니다.

적절한 프로그램이 효과를 높인다

문제는 이런 디톡스 식단을 짜는 데도 적절한 지도가 필요하다는 사실입니다. 많은 이들이 디톡스와 다이어트에 실패하는 이유는 다양한 시행착오를 겪기 때문입니다. 그 몇 가지 이유는 주로 다음과 같습니다.

- 디톡스와 다이어트가 필요하다는 것은 알지만, 그 효과에 대한 확실한 믿음이 없다.
- 건강한 삶을 살고 싶다기보다는 그저 살을 빼고 싶다는 일차적인 갈망만 있다.
- 하고 싶지만 어떻게 시작해야 할지 막막하다.
- 이것을 지속해야 하는 확실한 동기가 부족해서 중도 포기 유혹에 빠진다.

비단 학교 공부뿐만 아니라 디톡스 다이어트에서도 적절한 교육과 적절한 실천 프로그램이 필요한 것도 이런 문제들 때문입니다. 무엇을 하건 그에 대해 정확히 알고, 확실한 동기를 가지면, 성공할 확률이 높아지며, 전문적 지식을 가진 전문가의 도움을 받으면 효과 또한 높아질 수밖에 없습니다. 최근 다양한 미디어와 서적들이 그 역할을 해주고 있지만 동기부여 측면에서 전문가의 도움을 받는 것과는 다를 수밖에 없습니다. 어려운 첫 걸음부터 마지막 마무리까지 이어지는 각각의 난관들에서 적절한 조언을 줄 수 있는 프로그램 전문가를 찾는다면 독소를 제거하고 체중까지 감량하는 일은 결코 불가능하지 않습니다.

이것만은 알고 가자 : 디톡스 다이어트에 성공하려면 마음의 독소도 빼야 한다

1. 무리한 목표를 잡지 말라.

평소에 전혀 운동을 하지 않던 사람이 매일 1~2시간씩 운동하는 계획을 세운다고 치자. 또한 하루에 밥을 3공기 이상 먹던 사람이 갑자기 하루에 1공기만 먹겠다는 무리한 계획을 세운다면 오래 가기 어렵다.

현실적으로 이 습관을 이어가려면 일상적으로 실천할 수 있는 것부터 시작하고, 차츰 강도를 늘려간다.

예를 들어 출퇴근길에 버스 한 정거장 걷기, 하루 한 끼만 식사량을 1/3 줄이기, 밀크 커피를 녹차로 바꿔 마시기 등 손쉽게 실천할 수 있는 운동이나 식사 조절 목표를 먼저 세우고, 이것에 익숙해지면 다른 도전들을 구체적으로 세우는 것이 효과적이다.

2. 몸과 동시에 마음을 바꿔라.

다이어트는 몸의 변화를 위해 하는 것이지만, 우리 몸과 정신은 긴밀하게 연관되어 있다. 즉 정신이 바뀌지 않는 상태에서 몸만 바뀔 수도 없고, 몸이 바뀌지 않는 상태에서 정신만 바뀔 수도 없다.

다이어트에 앞서 나도 살을 뺄 수 있고, 살을 빼서 보다 나은 삶을 살겠다는 긍정적인 마인드를 가지면 과정 중에 난관에 부딪쳐도 극복이 빠를뿐더러 다이어트를 오래 지속할 수 있는 힘이 된다. 다이어트는 좋은 것이며, 따라서 좋은 방법으로 해야 한다는 자기 암시를 꾸준히 하면 다이어트에 도움이 될 뿐 아니라, 이후 자신의 몸을 대하는 태도에도 변화를 가져올 수 있다.

다이어트에 관련한 좋은 책자들을 자주 읽고, 건강한 다이어트를 통해 삶에 전환을 맞은 이들의 경험담을 자주 듣는 것도 도움이 된다.

3. 지금이 아닌 미래를 생각하라

어떤 일을 성취하려면 그에 대한 강력하고 구체적인 동기부여가 필요하다. 왜 내 몸에 디톡스가 필요한지, 다이어트가 필요한지를 생각해보고 구체적인 이유들을 종이에 써서 벽에 붙여 놓도록 한다. 그리고 살이 빠지고 몸이 좋아지면 어떤 점이 어떻게 달라지고, 그때는 어떤 새로운 일을 시도할지 등 미래와 관련된 생각을 글로 적어보는 것도 좋다.

식사 일기를 쓸 때도 단순히 먹은 음식과 운동량만 적는 대신 살을 빼고 싶은 동기를 더 강하게 만들어주는 이야기들을 적어야 한다. 디톡스 다이어트는 결국 자신과의 싸움이며, 미래에 다가올 보상을 구체적으로 떠올리는 것이 절제와 인내에 도움이 된다.

4. 중도에 실패하더라도 실망하지 말라

지금껏 여러 번 언급했지만 다이어트나 해독 성공률은 100명이 도전해도 그 중에 한 사람만이 간신히 성공할까 말까이다.

첫 번째 시도에서 실패했다고 좌절하거나 괴로워할 필요는 없다. 분명히 실패한 원인이 있었을 것이고, 여기서 할 일은 괴로워할 시간에 그 원인을 찾고 분석하는 것이다. 우리는 역경을 이겨내면서 더 강해진다. 다이어트 중도 실패는 분명히 거쳐야 할 역경 중에 하나이며, 한번 이겨내면 더 현명하게 디톡스와 다이어트를 진행할 수 있는 소스를 얻게 된다. 이 실패를 통해 내가 1%의 성공한 사람이 되겠다는 여유로운 생각을 가져라.

3장

균형잡힌 식사로 얻는 건강비법

1) 음식은 건강한 삶을 위한 것이다

우리가 식사를 하는 목적은 여러 가지가 있습니다. 어떤 이들은 먹는 걸 좋아해서 식사 시간을 기다리기도 하지만, 음식 섭취의 가장 원초적인 목적은 바로 '생존 활동' 일 것입니다. 즉 우리는 생존하고 활동하는 에너지를 얻기 위해 음식을 섭취하고, 그 음식 섭취에서 필요한 영양소를 얻게 됩니다. 다시 말해 음식 섭취는 생존 활동을 위해 꼭 필요하고, 생존 활동은 음식 섭취의 가장 큰 목적임에는 틀림이 없습니다. 하지만 단지 생존 활동만이 음식 섭취의 목적일까요?

한 예로 에너지가 아주 강력한 어떤 음식 한 가지가 있다고 가정해봅시다. 생존과 활동만이 음식 섭취의 목적이라면, 이 음식만 계속 섭취해도 우리는 살아가고, 움직일 수 있을 것입니다. 하지만 현실적으로 이런 방식을 고집할 때 우리 몸은 어떤 상태에 들어서게 될까요? 알약에 질려 보기만 해도 진저리가 쳐질 뿐 아니라, 무엇보다도 영양 불균형 상태가 생겨날 것입니다.

텅 빈 음식을 먹고 사는 사람들

현재 우리의 식생활이 이와 비슷합니다. 지금 냉장고를 열어보고 그 안의 음식들을 하나씩 점검하다 보면, 야채 일부를 제외하면 대부분이 가공식품이라는 데 놀라는 분들이 많을 것입니다. 이런 음식들은 칼로리는 높아서 활동에 충분한 에너지를 공급해주긴 하지만, 주요 영양소를 체크해보면 사실상 껍데기라고 말해도 과언이 아닌 음식들입니다.

가공식품에는 지방과 콜레스테롤, 염분, 당분이 차지하는 비율이 월등히 높은 반면, 단백질 같은 주요 영양소와 비타민, 미네랄 등과 같은 미량 영양소의 양은 극히 부족합니다. 이런 음식들은 일단 섭취하면 당장 활동하는 데는 지장이 없지만, 장기적으로 섭취할 경우 영양 불균형과 독소 성분의 유입으로 인한 면역력 약화가 발생하고, 이것이 장기화되면 목숨을 위협하는 치명적인 질병이 발생할 수도 있습니다.

그럼에도 많은 이들이 이처럼 '소리 없는 살인자' 라고 불러도 과언이 아닐 가공식품에 큰 거부감을 느끼지 않는 것은 왜일까요?

그 이유를 알기 위해서는 우리 주변의 환경을 살펴볼 필요가 있습니다. 분명히 이보다 더 좋은 선택이 있음에도 어떤 부적절한 선택이 대중적으로 큰 거부감 없이 용인된다는 것에는 반드시 환경적인 이유가 존재하기 때문입니다. 이는 현대인의 식습관 환경에도 어김없이 적용되는 이야기입니다.

한 예로 우리 주변과 식재료 문제를 살펴봅니다. 누구나 마트에서 파는 가공식품보다는 산지에서 구한 유기농 채소나 가공을 거치지 않은 신선한 식재료가 건강에 좋다는 사실은 알고 있습니다.

하지만 바쁘게 출퇴근을 해야 하고 외식이 일상화된 직장인들, 육아에 지친 주부들의 경우 그 선택의 폭이 매우 좁을 수밖에 없다는 것이 현실적인 의견입니다.

한 예로 시간에 쫓기는 상황에서 가까운 마트를 들렀을 때, 가장 손쉽게 구할 수 있는 것이 가공식품입니다. 또한 불과 20년 전만 해도 마트보다는 가공을 거치지 않은 생야채 등의 식재료를 파는 재래시장이 많았지만, 이제 그런 시장들을 집 근처에서 찾아보기 어렵게 되었습니다.

외식도 마찬가지입니다. 기본적으로 외식을 통해 섭취하는 음식물에는 많은 조미료가 첨가되어 있습니다. 하지만 개중에도 덜한 것이 있게 마련이니 그것을 먹으면 좋겠지만, 시간이 없고 주머니가 가벼운 이들의 경우 어쩔 수 없이 패스트푸드나 값싼 음식을 사먹게 되는 것입니다.

나아가 서구적인 식생활로 인한 칼로리의 대량 섭취, 외식이나 조미료에 익숙해진 자극적인 입맛 또한 문제입니다. 세계 최고의 건강식이라 불리는 한국식 식단이 좋다는 것은 알아도, 식단을 짜고 요리를 하는 데는 상당한 시간이 걸립니다. 또한 빵이나 서구식 요리의 대중화로 간편하고 기름진 음식을 찾게 되는가 하면, 조미료의 대중화로 가정식에까지 다양한 화학 조미료를 사용하는 가정이 늘고 있습니다.

인간은 사회적인 동물입니다. 한 사회의 식습관이 건강하다면, 그 사회의 일원 또한 건강한 식습관을 지향할 수밖에 없습니다. 실로 가공식품과 인스턴트, 패스트푸드의 대량 소비와 환경적 요인에 대한 연관성은 이미 여러 실험을 통해서도 발표된 바 있습니다. 미국의 경우 살고 있는 지역, 소득 수준에 따라 비만도가 달라지는가 하면, 장수 마을 오지에 관광객들을 위한 패스트푸드 음식점이 생겨나면서 그 지역 주민들의 건강이 급속도로 악화되었다는 결과가 있습니다.

그렇다면 우리는 이처럼 불건전한 식습관이 일반화된 사회 분위기에서 벗어날 길이 없는 것일까요?

음식에 대한 인식을 먼저 바꿔야 한다

빠듯한 일정에 쫓기는 상황에서 식단을 제대로 차려 먹는다는 것은 물론 쉽지 않은 일입니다. 그저 배를 채우고 열량만 얻으면 어떤 음식이든 좋다는 이들도 있습니다. 그런 이들은 식사에 대해 "그저 한 끼 잘 때우면 된다"고 생각합니다.

안타까운 일이 아닐 수 없습니다. 너무 바쁜 삶이 우리를 그렇게 만든 것이니 개개인을 탓할 수만도 없습니다. 실로 며칠 동안 건강한 식단을 차렸다가도 바빠지면 그간의 노력이 수포에 돌아가고 다시금 불건전한 식생활을 반복하게 되는 일이 부지기수입니다. 디톡스나 다이어트가 갈수록 어려워지고 중도 포기하는 경우가 늘어나는 것도 이처럼 시간에 쫓기는 현대 생활의 대가가 아닌가 싶습니다.

하지만 한 가지 잊지 말아야 할 점이 있습니다. 식단을 소중히 여기는 사람들에게는 몇 가지 공통점이 있습니다. 그들은 '오늘 우리가 먹은 음식이 나 자신을 만든다'는 음식에 대한 오랜 격언을 굳게 믿는 이들입니다. 이들은 먹는 음식이 우리를 바꾸고, 결과적으로 우리 삶을 바꾼다는 것을 알고 있는 것입니다.

불건전한 식습관은 필연적으로 우리에게 질병이라는 대가를 치르게 합니다. 반대로 건강한 식습관은 가장 좋은 컨디션과 긍정적인 마음, 용기를 우리에게 선사합니다. 물론 '바쁜 생활 때문에'라는 어쩔 수 없는 이유가 있더라도 건강에 반하는 음식을 일부러 장바구니에 담을 필요는 없을 것입니다. 복잡한 조리가 어렵다면 간편한 조리를 택하고, 맛이 싱거워 화학조미료를 쓴다면 다른 자연친화적인 조미료를 찾아야 합니다.

건강은 선택입니다. 같은 맥락에서 건강을 지키기 위한 음식 섭취도, 결국은 선택 문제입니다. 우리는 인생에서 수많은 선택을 내립니다. 또한 그 결정이 우리 삶의 방향과 색깔을 바꾸는 것처럼 건강한 식탁을 선언하고 선택하는 순간, 여러분의 건강 지도도 다시 그려지게 된다는 점을 명심해야 합니다.

2) 무리한 식단 조절, 무엇이 문제인가

외국 사람들이 우리나라에 와서 가장 빨리 배우는 말 중에 하나가 "빨리 빨리"라는 우스개가 있습니다. 사실은 우스개라고 할 수만도 없습니다. 무슨 일에서건 "빨리 빨리"를 외치는 이들을 주변에서 얼마든지 찾아볼 수 있기 때문입니다.

해독 다이어트에서도 마찬가지입니다. 특히 다이어트에서 '빠르게 빠르게'는 환상적인 유혹의 말로 들릴 수밖에 없습니다. 하루라도 빨리 날씬해지고 싶다는 생각에 과연 이 다이어트가 내 장기적인 건강에 도움을 줄지, 어떻게 계획적으로 감량할 것인지 하는 문제들은 간과하기 쉽습니다.

초단기 다이어트의 실체

상황이 이러하니 다이어트와 관련된 비즈니스를 하는 많은 곳에서도 기간을 정해놓고 그 기간 동안 몇 킬로그램을 책임지고 빼줄 것이며, 그렇지 않으면 보상을 해주겠다는 곳까지 생겨났습니다. 물론 이런 다이어트의 경우 거의 대부분이 요요현상을 겪을 수 있습니다. 이런 광고를 보면, 감량한 다음에 어느 기간 동안 다시 살이 찌지 않도록 보장해 주겠다는 광고는 왜 없는지 참으로 안타까운 마음이 들기도 하지요.

게다가 성형외과에서는 지금 당장 체지방제거술을 통해서 즉시 몸무게를 줄이고 허리 사이즈를 줄여 주겠다고 합니다. 물론 다급하게 체중을 줄이고자 하는 사람 입장에서는 빠른 시간 내에 날씬하게 해 주겠다는 말처럼 달콤한 유혹의 말은 없을지도 모르겠습니다만, 과연 이 같은 번갯불 조치들이 얼마나 유효할지는 의문입니다.

이 같은 처치들은 눈에 보이는 성과를 낼지는 모르나 살이 찌는 근본 문제인 독소를 제거, 요요현상을 방지하기 위한 신체 정상화 과정을 전혀 고려하지 않고 있기 때문입니다.

초절식으로는 디톡스도, 다이어트도 실패한다

우리가 해독과 다이어트에 신경 쓰는 것은 결국 건강하기 위함입니다. 이 중요 핵심을 간과한 처치나 프로그램은 반드시 후환을 가져올 수밖에 없습니다.

최근 1일 1식과 같은 초절식 식이요법이 유행입니다. 현대인은 배고픔의 신호를 느낄 새 없이 때가 되면 먹기에 급급해왔습니다. 이런 상황에서 1일 1식은 탄수화물과 지방 섭취를 줄인다는 점에서는 괜찮지만, 동시에 단백질 섭취량도 줄어든다는 점을 간과합니다. 실제로 한 끼만으로 필요한 단백질의 양을 맞추는 것은 불가능에 가깝습니다. 인체의 순환기, 호흡기 계통은 단백질로 구성되어 있는 만큼 근육량이 지나치게 손실되면 폐렴, 부정맥 등에 이르고 심하면 사망에 이를 수 있습니다.

나아가 식사를 제한하면 소비 에너지가 떨어지는 것도 문제입니다. 공복 시간이 길어지면 몸은 자신을 스스로 보호하려고 기초대사량을 낮추고 에너지 효율성을 높이는데, 그 결과 조금만 먹어도 쉽게 살이 찌는 체질로 변하게 됩니다. 실로 20시간 가까이 공복상태를 지속하면 우리의 뇌는 위기 상태로 판단해서 지방을 축적하게 됩니다.

결과적으로 1일 1식은 디톡스와 지방 분해를 위해서는 충분한 영양소가 필요하다는 점을 간과하고 있습니다. 체내 지방 세포에 독소가 가득 쌓여 있어 분해가 불가능한 상황인데, 무작정 먹는 것을 줄인다고 모든 것이 해결되지는 않습니다. 세포를 건강하게 하지 않고서는 결코 충분한 디톡스와 다이어트 효과를 볼 수 없기 때문입니다.

즉, 건강하려면 영양소를 균형 있게 섭취해야 하듯이, 디톡스 다이어트 역시 초절식만으로는 결코 건강하게 살을 뺄 수 없습니다. 비단 체중을 줄이고자 하는 것을 벗어나 건강 문제에도 긍정적인 역할을 할 수 있는 프로그램만이 진정 우리 몸에 도움이 된다는 점을 기억해야 합니다.

● 이것만은 알고 넘어가자 : 폭식과 스트레스

적지 않은 비만 환자들이 폭식의 원인을 스트레스에서 찾는 것은 주목할 만한 사실입니다. 인간관계에서 오는 갈등, 과중한 업무, 시험 압박부터 우울이나 불안감, 외로움 등의 정서적 문제 등 스트레스의 종류는 구체적이고도 포괄적입니다. 따라서 이 같은 스트레스성 폭식의 경우는 스트레스를 먹는 것으로 보상하지 않고 풀어내는 방법을 찾는 것이 관건입니다.

그런가 하면 '스트레스를 먹는 것으로 푸는 행위'도 문제지만, 스트레스는 그 기전 자체가 비만을 불러오는 각종 인체 시스템을 자극합니다.

일단 스트레스를 받으면 인체는 코티졸이라는 호르몬을 방출하는데, 코티졸이 지나치게 증가할 경우 면역력이 저하되고 불안과 초조상태가 지속돼 식욕의 증가와 폭식, 만성피로, 나아가 우울증, 정신장애, 수면장애 등을 초래하면서 건강을 해치게 됩니다. 나아가 스트레스 때문에 살이 찐 것을, 다이어트로 해결하려고 할 경우 문제는 더욱 커집니다. 스트레스 관리법을 마련하지 못한 채 무리한 운동이나 절식을 하게 되면 또다시 이로 인한 스트레스가 폭식을 일으키고, 이번에는 체중이 더 급속도로 늘어나게 되는 만큼 반드시 스트레스 원인을 제거하고 마음을 다스리는 심리 테라피가 선행되어야 합니다.

3) 독소와 체중,
무조건 뺀다고 빠질 수 없다

체중만 감량하는 것은 사실 그렇게 어렵지 않습니다. 가장 확실하고 가장 빠르게 체중을 줄일 수 있는 방법은 아무것도 먹지 않고 굶으면 됩니다. 이것이야말로 아주 확실한 방법이 될 것입니다. 그럼에도 왜 많은 사람들이 이 방법을 채택하지 않을까요? 아마도 먹는 유혹으로부터 벗어날 자신이 없을 수도 있겠지만, 어쩌면 건강에 치명적인 결과를 가져올지도 모른다는 불안감이 있을 수도 있을 것입니다. 우리 몸이 균형 잡힌 영양을 공급 받기를 원하고 있다는 것을 자신도 모르게 알고 있기 때문입니다.

즉 중요한 것은, 체중 자체가 아니라 '어떻게 체중을 줄이느냐'에 맞춰져야 합니다. 같은 살을 빼도 결과적으로 건강 증진 효과에서는 전혀 다른 결과가 나오는 경우가 왕왕 있습니다. 한 예로 무작정 굶기나 초절식을 통해 살을 뺀 경우, 신체 근육량도 함께 줄어들어 신체 대사가 저하되고 급격한 요요현상이 나타나게 됩니다.

  반면 긴 시간을 두고 몸의 면역력을 증진하는 식단과 꾸준한 운동으로 체지방을 줄인 경우, 확실하게 디톡스와 다이어트 효과 두 마리 토끼를 잡을 수 있습니다.

체지방을 잡아라

  몸무게를 무작정 줄이는 것보다 중요한 것은 체지방을 줄이는 것입니다. 오히려 몸무게는 늘었다 하더라도 체지방률이 줄어들었다면, 오히려 그것은 건강한 다이어트입니다.

  체지방량은 몸속에 있는 지방의 양을 말하며, 내장지방과 피하지방으로 나뉩니다. 이 체지방량은 정해진 것이 아니라 개인차가 크며 식이 및 운동량에 따라 달라지는데, 보통 남자의 체지방률은 15~20%이고, 여성의 체지방률은 20~25%정도가 정상 범위입니다. 문제는 체지방률이 이 정상 범위를 넘어설 때입니다. 체지방이나 내장지방이 많으면 당뇨병, 고혈압, 고지혈증 등의 심혈관계 질환에 걸릴 위험이 증가하게 됩니다.

  나아가 체지방은 독소 노출과도 무관하지 않습니다. 환경오염이나 독소는 체중을 조절하는 호르몬 분비에 문제를 일으킵니다. 또한 대부분의 오염 물질은 지방 친화적이라 체지방에 쌓이게 되며, 독소를 품고 있다가 염증 반응을 일으켜 우리 몸 구석구석에 나쁜 독소를 전달하거나, 장기 사이에 층층이 쌓여 장기 손상의 원인이 되기도 합니다.

따라서 이 체지방을 태우려면 독소 제거 음식과 지방 분해 음식을 함께 섭취할 필요가 있습니다. 특히 체내 독소를 배출하려면 무엇보다도 신진대사가 원활하고, 독소를 흡착해 배출하는 영양소를 충분히 섭취할 수 있어야 하는데, 그러기 위해서는 적절한 해독 음식을 꾸준히 섭취해 해독에 필요한 영양을 공급해야 합니다. 그럼에도 다이어트를 생각하는 대부분이 체중기 눈금에만 집착해 건강에 해가 되는 다이어트 방법을 택하는 것은 안타까운 일입니다.

한 예로 선풍적인 인기를 끌었던 원 푸드 다이어트를 봅시다. 이 다이어트는 토마토, 포도처럼 한 가지 식품만 먹는 다이어트를 말하는데, 장기간 실시하면 심각한 영양 결핍을 일으킬 수밖에 없습니다. 예를 들어 과일로 원 푸드 다이어트를 하면, 칼로리는 적지만 단백질이나 미네랄이 부족해 신진대사에 나쁜 영향을 주고 당분의 지나친 섭취 또한 문제가 될 수 있습니다. 또한 열량 공급이 부족해지면서 기초대사량이 떨어져, 다시 정상적인 식사를 하게 되면 다이어트 전보다 오히려 살이 찌는 요요현상이 나타나게 됩니다.

고기와 지방 음식은 마음껏 먹되 탄수화물은 전혀 먹지 않는

황제다이어트의 경우도 마찬가지입니다. 이 다이어트는 고지방-고칼로리 요법인 만큼 포만감은 있지만 체지방이 빠지기보다는 수분 손실량이 많아 체중이 줄어드는 경우가 많으며, 단백질 대사 과정에서 생긴 질소 노폐물 때문에 신장에 무리가 올 수 있습니다. 나아가 탄수화물 없이 달걀과 야채를 이용한 고단백 저칼로리 식단인 덴마크 다이어트 역시 화학 작용을 일으켜 2주간 잘 이행하면 7~12㎏까지 살을 뺄 수 있긴 하지만, 다이어트를 끝낸 뒤 당질을 섭취하면 체중이 다시 증가하게 됩니다.

운동만으로 살을 뺄 수 있을까?

물론 "그래도 다이어트 바이블은 있어. 바로 운동이야."라고 생각하는 사람도 있을 것이다. 물론 운동은 다이어트에 반드시 필요한 요소입니다. 그러나 과연 그것이 다이어트에 절대적인 요소는 아닐 수 있습니다. 실로 운동을 열심히 했는데도 살이 빠지지 않는 사람들이 얼마든지 있기 때문입니다.

우리나라 남성의 72%, 여성의 42%가 다이어트에는 식이요법보다 운동이 중요하다고 생각합니다. 상황이 이러하니 헬스장이 우후죽순처럼 생겨나고 파워워킹, 필라테스, 요가, 댄스 등 많은 운동들이 다이어트 운동으로 각광받고 있습니다. 하지만 정작 여기에 등록해 운동을 하면서 살을 빼는 데 성공한 사람은 과연 몇이나 될까요?

운동을 하면 대개 입맛이 더 좋아져 더 많이 먹게 됩니다. 무심코 운동 전후로, 또는 운동을 해서 안심이라는 생각에 한 입 두입 더 먹게 되는 식사, 중간 중간의 간식 운동 효과를 도루묵으로 만들게 됩니다.

예를 들어 35분간 3Km 걷기, 15분간 2.4Km 달리기는 제법 힘든 운동임에도 소모되는 칼로리가 150kcal에 불과합니다. 반면 우리가 허기를 달래기 위해 먹는 저열량식이라 여겨지는 국수 한 그릇은 600kcal에 달합니다.

즉 이는 운동만 해서 살을 빼겠다는 우리의 다이어트 상식이 얼마나 잘못되어 있는지를 보여주는 사례들입니다. 결과적으로 건강한 다이어트를 하기 위해서는 다음 몇 가지 사실을 반드시 기억해야 합니다.

첫째, 단기간 다이어트나 초 절식처럼 짧은 시간 내에 진행하는 무리한 시도는 실패 가능성을 높일 뿐만 아니라 요요현상을 불러오게 된다는 사실을 기억해야 합니다.

둘째, 한 가지 방법만을 맹신하여 맹목적으로 진행하는 디톡스와 다이어트는 단기적 효과도 확신할 수 없을뿐더러 장기적인 건강 증진 효과 또한 기대할 수 없는 만큼 효과가 인증된 다양한 방법들을 병행해 시도하도록 합니다.

셋째, 다이어트는 반드시 독소 배출을 염두에 두고 진행해야 합니다. 체지방에 쌓여 있는 독소를 배출하지 않으면, 체지방 연소가 이루어지지 않게 됩니다.

넷째, 다이어트의 핵심은 체지방 제거에 있는 만큼, 저울의 눈금에 집착하지 않고 체지방 연소를 돕는 다양한 영양소 섭취를 고려해야 합니다. 식사 조절은 일상 속에서 실천할 수 있는 가장 훌륭한 디톡스이자 다이어트 프로그램인 만큼 건강한 식사에 큰 비중을 두어야 합니다.

● 이것만은 알고 넘어가자 :
살찌지 않는 사람들의 마인드를 배워라

야생동물들은 비만으로 건강을 잃는 경우가 드뭅니다. 배가 고플 때만 먹고, 먹고 싶은 것만 먹으며, 배고픔이 해결되면 더 이상 먹지 않습니다. 마찬가지로 살이 잘 찌지 않는 사람들은 대개 음식에 대한 강박이 없습니다. 절식하는 습관이 몸에 배어 있으니 날씬한 자신의 몸을 극히 자연스러운 상태로 여깁니다.

현대인들이 음식으로 지나친 열량을 섭취하는 중요한 이유 중에 하나로 '감정적 허기'가 꼽히고 있습니다. 이는 스트레스나 외로움, 불만 등의 박탈감을 음식으로 보상하려는 심리입니다. 만일 배가 고프지 않은데도 음식을 먹고 있거나, 음식을 먹으면서 위안을 받는다면 감정적 허기로 인한 폭식을 의심해볼 필요가 있습니다.

인생에는 여러 즐거운 일들이 존재합니다. 미각을 당기는 맛있는 음식도, 그저 먹고 나면 빈 접시만 남는 말 그대로 '음식'일 뿐입니다. 세상에는 그보다 가치 있는 수많은 일들과 재미거리들이 얼마든지 존재합니다. 슬플 때나 기쁠 때를 음식으로 보상하려는 것은 그 자체로 인생을 크게 즐기고 있지 못하다는 것을 반증합니다. 따라서 살이 찌지 않는 생활 습관으로 다가가려면 스스로 즐길 거리들을 찾아 전진하고 탐색하려는 노력 또한 반드시 필요합니다.

4) 지방 분해를 활성화시키는 디톡스로 시작

식사 조절을 통한 디톡스와 다이어트를 생각한다면, 식사 조절의 기본은 아침 식사라는 말을 되새겨볼 필요가 있습니다. 최근 1일 1식이나 니시요법 등 아침 식사를 거르는 식사 요법이 시중에 나와 있긴 합니다. 이 식사 조절 요법들 역시 나름의 효과를 가진다는 견해가 있으나, 다이어트와 디톡스의 전문가들 대부분은 여전히 1일 3식, 그중에서도 아침 식사의 중요성을 강조하고 있습니다.

실제로 아침 식사를 거를 경우 체중 조절에 실패하는 경우가 많다는 연구 결과가 있습니다. 동양의 오랜 속담 중에 '아침은 왕처럼, 점심은 평민처럼, 저녁은 거지처럼 먹으라' 는 말이 있습니다. 아침식사야말로 세 끼 중에 가장 중요한 끼니라는 의미입니다. 이 말은 근거 없는 속설만은 아닙니다.

아침을 거를 경우 오히려 폭식하게 된다는 연구 결과가 많습니다. 점심 전까지 공복 시간이 길다 보니 고열량 간식을 섭취하거나 점심을 폭식하게 되는 것입니다. 이 경우 저녁 먹는 시간까지

늦어지니 건강에 해로울 수밖에 없습니다. 실제로 미국에서 수년 간 실시한 조사 결과, 아침 식사를 거른 아이들은 규칙적으로 아침을 먹는 아이들보다 몸무게가 2~3kg 정도 더 나가고 학업성취도도 떨어졌다고 합니다.

체지방을 없애고 싶다면 아침 식사를 하라

아침 식사가 체지방 연소에 도움이 된다는 연구 결과도 있습니다. 잠에서 깨어나 처음 먹는 식사가 하루의 신진대사 패턴을 좌우하는데, 아침 식사를 탄수화물 위주로 먹는 대신 적절한 단백질과 미네랄 등을 골고루 섭취해주면 신진대사가 활발해지게 됩니다. 엄밀히 말해 체지방은 신진대사가 원활하지 못해 몸 안에 독이 배출되지 않고 쌓이는 것입니다. 이때 신진대사가 활발해지면 지방 세포를 태우는 분해 작용이 활발해지면서 체지방 연소 작용도 상승하게 됩니다.

아침 식사를 해야 하는 이유는 이뿐만이 아닙니다. 아침 식사를 거르면 공복 시간이 길어지게 되는데, 이럴 시 다음 식사 시 섭취하는 에너지가 지방에 축적되기 쉬운 상태가 됩니다. 우리 몸의 방어 시스템은 공복 상태가 길어지면 이를 비상 상태로 받아들여 더 많은 지방을 축적해놓도록 작동되기 때문입니다.

나아가 만족스럽게 잘 차려먹은 아침 식사는 점심과 저녁 식사 때의 과식을 막고, 한 끼 식사보다 열량이 더 높은 간식을 섭취하는 일을 막을 수 있습니다.

특히, 체중을 줄이겠다고 만만한 아침을 거르거나, 입맛이 없고 바쁘고, 더 자고 싶다는 이유로 아침을 거르면 오히려 비만을 부추긴다는 사실을 기억해야 합니다. 또한 먹더라도 탄수화물 위주로 먹지 말고 반드시 영양소를 고려해 영양가가 충분한 음식을 섭취하고 공복감을 없애 줘야 신체가 제대로 기능할 수 있습니다.

아침 식사도 다 같은 것이 아니다

연구에 따르면, 아침 식사를 거르는 사람은 균형 잡힌 식사를 하는 사람보다 더 뚱뚱하다고 합니다. 적게 먹거나 끼니를 거르면 이를 보상하려고 과식하게 되기 때문입니다.

그렇다면 올바른 아침 식사는 어떤 조건을 갖추어야 하는지도 살펴봐야 합니다. 지난 시대에는 인체에 필요한 가장 중요한 영양소를 탄수화물, 단백질, 지방으로 한정 짓는 경향이 있었습니다. 이는 열거한 3대 영양소가 가난하고 먹고사는 일조차 쉽지 않던 시절, 기본적인 활동을 위해서 가장 중요한 역할을 했기 때문입니다. 따라서 식단에도 탄수화물, 지방, 단백질이 올라야 영양가가 풍부한 식단으로 여겼습니다.

하지만 지금 시대는 다릅니다. 비만과 질병의 공격이 잦아진 요즘은 탄수화물과 지방의 경우 섭취량을 줄이는 것이 오히려 권장될 정도입니다. 나아가 미네랄과 비타민과 같은 미량 영양소의 중요성이 밝혀지면서 이 영양소들의 섭취가 건강의 중요한 관건으로 여겨지고 있습니다.

아침 식사도 마찬가지입니다. 일반적인 가정의 아침 식사는 탄수화물 섭취가 주를 이룹니다. 하지만 자고 있는 신진대사를 깨우기 위해서는 탄수화물 위주의 식사만으로는 부족하며, 단백질과 미네랄, 비타민, 원활한 장 연동 운동을 위한 식이섬유를 골고루 섭취할 필요가 있습니다.

충분한 영양섭취가 중요하다는 것은 누구나 알고 있는 사실입니다. 하지만 왜 이처럼 충분한 영양소가 필요하며, 나아가 다이어트와 디톡스에서는 더더욱 충분한 영양 섭취가 더 중요한지 알아볼 필요가 있습니다.

최근 우리 몸에 반드시 필요한 영양소에 대한 다양한 연구들이 실시되면서, 영양불균형에 시달리는 많은 현대인들에게 큰 도움이 되고 있는 것도 같은 맥락에서입니다. 우리가 평상시 건강을 지키기 위해 반드시 섭취해 할 영양소들에 대한 정보를 제대로 살피는 것 또한 건강을 지키는 한 방법일 것입니다.

　나아가 이런 영양소들이 일상적인 건강은 물론, 다이어트와 디톡스에 어떤 영향을 미치는지 제대로 알면 아침 식사의 소중함도 다시 한 번 깨닫게 될 것입니다. 다음 장에서 연이어 살펴보도록 합시다.

4장

가장 효과적인
내 몸 관리 비결은?

1) 건강의 바로미터는
　 미토콘드리아에 있다

　최근 '세포 발전소'라고 불리는 미토콘드리아의 기능에 세간의 관심이 모이고 있습니다. 미토콘드리아가 건강해야 세포가 건강해지고, 세포가 건강해야 온몸이 건강할 수 있다는 의견이 속속 등장하고 있는 것입니다.

　미토콘드리아란 생체 내 에너지를 생산하는 세포 내 소기관으로 세포의 탄생과 죽음을 결정하는 핵심 물질입니다. 우리 몸은 약 60조개의 세포로 이루어져 있고 각각의 세포는 자체로 살아있는 생명체로서 에너지를 만들고 소모하는 대사 작용을 하니, 미토콘드리아가 곧 생명력의 원천이며, 세포가 병들면 몸이 병들고 세포가 건강하면 몸도 건강할 수밖에 없습니다.

　실로 이 미토콘드리아에 기능 이상이 발생하면, 우리 몸에도 다양한 이상 증세가 나타나게 됩니다. 비만이나 고혈압, 고지혈증, 당뇨병 같은 대사증후군은 물론 노화 암 및 치매나 퇴행성 뇌질환의 발병에도 미토콘드리아가 결정적인 역할을 수행합니다.

　최근 미토콘드리아가 관여하는 것으로 알려진 질병은 그 수가 무려 100개를 넘는 것으로 밝혀졌는데, 최근 미국 인간유전학회지에 실린 논문에서 한국과 일본의 당뇨병 환자 2021명을 조사한 결과 미토콘드리아 손상을 발견했다고 합니다. 이 손상 부분을 제거하지 못하고 방치하면, 미토콘드리아가 자살 단백질을 방출해 세포 전체를 죽이게 되는데, 이 과정에서 급격한 노화가 발생한다는 것입니다.

각종 독소가 미토콘트리아를 파괴한다

미토콘드리아를 건강하게 하기 위해서는 무엇보다도 건강한 식습관이 중요합니다. 특히 단백질의 경우, 하루에 한 끼 이상 충분히 섭취해주는 것으로 미토콘드리아 건강을 지킬 수 있습니다. 나아가 미토콘드리아는 적절한 운동을 할 경우 그 수가 증가하는 만큼 틈틈이 적정 수준의 운동을 해주면 세포 건강에 큰 도움이 되며, 음이온이 많이 나오는 숲과 자연에 오래 머무는 것 또한 미토콘드리아 활성에 도움이 됩니다.

반면 청량음료와 환경호르몬 등은 미토콘드리아에 나쁜 영향을 준다고 알려져 있습니다. 대부분의 청량음료에 사용되는 방부제 성분이 미토콘드리아의 DNA를 손상시켜 파킨슨병 등 퇴행성 뇌질환을 유발할 수 있기 때문입니다.

그 외에 화학물질이나 방부제, 식품첨가물 등의 제재들도 세포 건강을 위협하고 미토콘드리아를 파괴하는 만큼 평상시 독소 환경을 멀리하는 것이 미토콘드리아 건강에 큰 도움이 된다는 점을 기억해야 합니다.

미토콘드리아를 알아야 다이어트도 한다

365일 다이어트를 외치고 다이어트에 매달리는데도 살이 빠지지 않는다면, 그 해답을 미토콘드리아에서 찾아야 합니다. 미토콘드리아야말로 체내 지방을 연소시키는 유일한 기관이기 때문입니다.

우리 몸을 이루는 세포 1개의 경우 약 수백, 수천 개의 미토콘드리아를 가지는데, 다이어트에서 미토콘드리아는 아주 중요합니다. 우리가 먹은 음식물을 태워서 에너지를 만드는 것이 바로 미토콘드리아이기 때문입니다. 따라서 근육 속의 미토콘드리아 수를 늘리면 세포 내 지방 연소가 활발해져 훨씬 효과적인 다이어트를 할 수 있지만, 이는 결코 쉽지만은 않습니다.

일반적으로 나이가 들면 몸의 근육량이 줄어들게 되고, 동시에 근육 안에 있는 미토콘드리아도 같이 줄어들기 때문입니다. 이렇게 되면 미토콘드리아에서 태우는 에너지가 줄어들어 남아도는 칼로리를 지방으로 축적하게 됩니다. 같은 양의 식사를 해도 나이가 많으면 자꾸 살이 찌는 이유도 여기에 있습니다. 따라서 근육 속의 미토콘드리아 수를 늘리는 일이 필요한데, 그때 필요한 것이 바로 운동과 단백질 섭취입니다.

운동은 기본적으로 근육 속 미토콘드리아의 활성을 도울뿐더러 근육 세포를 만들어 미토콘드리아 개체 수를 함께 늘리게 됩니다. 나아가 이때 충분한 단백질을 섭취해주면 근육 세포의 성장과 확대가 용이해지는 만큼, 적절한 운동과 함께 하루 한 끼 이상 단백질 식단을 이이어가는 것이 아주 중요합니다.

특히 이 미토콘트리아 수를 늘려 얻을 수 있는 이익은 다이어트뿐만이 아닙니다. 미토콘드리아 자체가 세포 에너지 발전소인 만큼, 미토콘드리아 수가 늘어나면 활력이 넘치고 피로가 사라질 수밖에 없습니다. 즉 세포 속 미토콘드리아 건강을 통해 활력과 다이어트라는 두 마리 토끼를 잡을 수 있는 셈입니다.

2) 세로토닌으로 식욕을 조절할 수 있다

건강한 식단이 건강과 다이어트의 지름길이라는 점은 누구나 아는 사실일 것입니다. 그럼에도 먹고 싶은 유혹을 이기지 못해 다이어트에 실패하는 경우가 적지 않은데, 특히 우울하거나 피곤할 때, 감정적인 허기를 느낄 때, 폭식을 하거나 건강하지 않은 음식을 찾는 경우가 많습니다. 대부분의 사람들은 이것을 감정적인 문제라고 여기지만, 이렇게 단 음식을 찾게 되는 것에는 호르몬 문제도 결합되어 있습니다.

지금까지 많은 연구에 의하면 우울증 환자일수록 단 음식을 많이 찾게 되는데, 이 우울증 환자들의 두뇌를 검사해보면 세로토닌이라는 호르몬이 절대적으로 부족하다는 공통점을 발견하게 됩니다. 우울증에 걸리는 기분이 울적해지는 것을 넘어 식욕을 절제하는 다양한 신경전달 물질과 호르몬에도 영향을 미치는 셈입니다.

허기라는 감정은 세로토닌의 문제

　그런데 문제는 건강하지 않은 식습관과 생활습관이 세로토닌의 고갈을 가져와 우울증을 불러오기도 한다는 점입니다. 한 예로 우울할 때 흰 설탕이나 흰 밀가루와 같은 정제된 단 음식을 찾게 되는 경우가 많습니다. 이런 단 음식을 먹게 되면 순간적으로 기분이 좋아지기 때문입니다. 그 이유는 단 음식이 우선적으로 미각을 자극할뿐더러, 빠른 속도로 혈당이 올라 포만중추에 만족감을 주고, 세로토닌 호르몬을 분비시키기 때문입니다. 피곤할 때나 우울할 때 카페인이나 술 등을 섭취하는 것도 비슷한 이유에서입니다.

　하지만 달콤한 맛의 탄수화물이나 과당, 카페인이 많은 음료, 나아가 술 등은 결과적으로 장기적으로 보면 세로토닌의 감소를 불러와 만성적인 우울증을 유발할 수 있습니다. 세로토닌이 만들어지려면 B1이 필요한데, 이런 독소 음식들은 비타민 B1의 과다한 소모를 불러오고, 이처럼 B1이 고갈되면 충분한 세로토닌이 만들어지지 않기 때문입니다.

　이처럼 세로토닌이 부족한 상태에서 단 음식, 카페인, 술 등을 마시게 되면 점차 식욕을 억제하는 기능이 떨어져 폭음이나 폭식으로 연결되고, 이것이 체중 조절에 실패하는 원인으로 작용하게 됩니다.

세로토닌으로 식욕을 조절할 수 있다

시중에서 판매되는 식욕억제제에는 혈중 세로토닌 농도를 높게 유지해주는 성분이 포함되어 있는 것도, 체내에 세로토닌이 충분하면 식욕을 조절하는 능력이 커진다는 점에서 착안한 것입니다. 하지만 이처럼 세로토닌을 약으로 복용할 경우, 과도하게 식욕이 떨어지는 부작용이 나타나거나 3개월 이상 복용 시 살이 다시 찌는 요요현상이 나타나는 만큼 식욕억제제 사용에는 한계가 있습니다.

반면 건강한 식습관과 생활습관으로 세로토닌 수치를 높이는 방법은 영구적이고 안전할뿐더러 건강 증진과 다이어트에도 큰 효과가 있습니다. 한 예로 운동과 명상은 혈중 세로토닌의 수치를 높여주어 기분 전환 효과와 식욕 억제 효과를 가집니다.

나아가 충분한 영양공급도 중요합니다. 몸 안의 영양소와 에너지가 충분하지 못하면 세로토닌 등의 호르몬의 생성에도 나쁜 영향을 미치게 되기 때문입니다. 특히 몸 안에 단백질이나 미네랄 등이 부족할 경우 에너지 발전소인 미토콘트리아의 활동 능력이 떨어져 에너지 생산력이 줄어들고, 이것이 호르몬 생성을 가로막을 수 있는 만큼 끼니마다 충분한 영양소를 섭취할 필요가 있습니다.

3) 영양소의 제왕, 단백질을 섭취해야 한다

그리스어 'proteios'에서 시작된 단백질의 영어 이름 프로틴(protein)은 '첫 번째로 중요하다(primary:holding first place)'라는 뜻을 가집니다. 살아 있는 세포를 구성하고 생명체를 구성하고 유지시키는 단백질의 기능과 썩 잘 어울리는 어원입니다.

단백질은 우리 몸을 자동차로 비유할 때, 차체를 만드는 철이라고 볼 수 있습니다. 탄수화물이나 지방이 연소를 통해 에너지를 내는 휘발유라면, 단백질은 차체를 좌우하는 뼈대와 살입니다. 즉 튼튼한 철로 잘 만든 자동차는 쉽게 고장 나지 않듯이 우리 몸의 단백질이 튼튼하지 않으면 세포에도 문제가 생겨 질병으로 이어지게 됩니다.

단백질은 우리 인체 세포, 골격, 호르몬 형성, 장기 활동 등 인체 전체에 관여하지 않는 곳이 없는 만큼 그 종류가 무려 10만 종에 이릅니다. 한 예로 손발톱을 만드는 단백질은 케라틴이며, 근육은 액틴과 미오신이라는 구조 단백질이 만듭니다. 그 밖에 효소에 작용하는 촉매 역할을 하는 단백질, 호르몬을 구성하는 정보 전달 단백질도 있으며, 항체, 호르몬 등을 합성, 체내 필수물질의 운반과 저장, 체액과 산-염기 균형 유지를 하는 단백질이 있는가 하면, 심지어 눈으로 보고, 음식의 맛을 보고, 냄새를 맡는 데 필요한 단백질도 있을 정도입니다.

한 예로 책을 읽을 때 빛이 글자를 인식해 수정체를 거쳐 망막에 가 닿는데, 이 수정체도 크리스탈린이라는 단백질로 이루어져 있고, 망막도 로돕신이라는 단백질이 있어야 빛 신호를 신경 세포에 전달할 수 있습니다. 나아가 우리에게 감정을 불러일으키는 신경전달물질과 세로토닌 등도 역시 단백질로 이루어집니다.

질병과 단백질

중요한 것은 이 단백질이 우리 몸의 질병에까지 긴밀히 관여한다는 점입니다. 예를 들어 우리의 눈물과 콧물 속에는 세균을 잘게 잘라 파괴시키는 라이소자임이라는 단백질이 있습니다. 나아가 우리 몸에서 매일 생성되어 일정한 암세포와 이물질을 제거하는 혈액 속의 항체도 단백질 성분입니다. 단백질의 일종인 면역글로불린 G가 이물질을 붙잡아 면역세포가 공격할 수 있도록 만들어주어야만 그 병원체에 대항하는 치료약이 체내에서 생성될 수 있는 것입니다. 따라서 항체 단백질이 충분치 않으면 병원체나 암세포, 이물질에 대항하는 몸의 면역력이 약해져 본격적으로 질병이 자라나게 됩니다. 즉 우리 몸 안의 단백질이 얼마나 건강한 상태를 유지하고, 얼마나 적합한지에 따라 우리 몸의 면역 수준도 변하는 것입니다.

이처럼 단백질이 중요하다는 것을 막연히 알고 있음에도 대부분은 바쁜 생활 속에서 제대로 된 단백질 섭취에 소홀한 것이 사실입니다. 단백질의 주 공급원인 육류의 경우 항생제와 성장 촉진제 문제로 양질의 단백질을 공급하는 기능을 잃었고, 토지와 공기, 물의 오염, 화학제품의 지나친 남용이 다른 음식의 질까지을 급격하게 떨어뜨리고 있는 상황입니다.

한 예로 단백질에도 양질의 단백질, 그렇지 않은 단백질이 존재함에도 우리는 현재 건강하지 않은 단백질을 더 많이 섭취하고 있다고 볼 수 있습니다.

하지만 단백질은 우리 몸의 면역과 조직 구성에 가장 크게 관여하는 성분인 만큼 좋은 단백질을 섭취하는 것이 아주 중요합니다. 그것이야말로 우리 몸의 조직과 면역을 건강하게 만드는 일이며, 반대로 단백질의 결핍이나 질 낮은 단백질의 잦은 섭취는 필연적으로 병을 불러오기 때문입니다.

디톡스 다이어트와 단백질

디톡스와 다이어트에서도 단백질은 아주 중요한 역할을 한다고 할 수 있습니다. 한 예로 단백질을 만들어내는 주요 성분인 아미노산은 인체 해독과 아주 깊은 연관을 가집니다.

몸에 피로가 쌓이거나 스트레스를 받거나 술을 먹게 될 경우 간에서는 이를 해소하기 위해 글리코겐을 다량 사용하게 됩니다. 그런데 이런 피로와 스트레스, 음주가 계속 누적될 경우 글리코겐 자체도 피로가 누적되고 스트레스를 받아 양이 부족해집니다. 그 때문에 해독되지 못한 독소들이 그대로 쌓이면서 간 기능이 나빠지는 것이지요.

이렇게 간 클리코겐이 부족해질 때 구원병이 되는 것이 바로 아미노산입니다. 아미노산은 총 20종에 달하는데, 그중에 하나인 알라닌은 글리코겐으로 즉시 전환되어서 간을 회복시키는 기능을 합니다. 따라서 피로가 누적된 사람, 스트레스에 시달리는 이들, 육체적 피로가 심한 사람, 질병 치료나 수술 후 몸의 독을 빨리 내보내고 원기 회복이 필요한 사람, 과음으로 인해 숙취가 잦은 사람은 알라닌 성분이 풍부한 아미노산을 섭취하면 큰 도움이 됩니다.

나아가 단백질은 다이어트와도 직접적인 연관을 가집니다. 단백질은 체조직을 튼튼하게 하는 영양소로서 특히 근육 형성과 큰 관련이 있습니다. 단백질이 부족할 경우, 근육 생성에 문제가 생겨 인체 근육량은 점차 줄어들게 됩니다. 다이어트에서 근육량은 매우 중요한 관건입니다. 체중이 줄었더라도 근육량이 함께 줄어들면 일시적인 체중 감량 효과는 있을지 모르나 결과적으로 요요 현상이 찾아오는 반면, 비록 체중이 많이 줄지 않았더라도 근육량이 늘어나면 인체 대사량이 증가하며 지방을 태우는 속도가 빨라 쉽게 살이 찌지 않는 체질이 자리 잡히게 됩니다.

따라서 다이어트 시에는 더더욱 단백질 섭취에 신경을 써서 양질의 단백질을 섭취할 필요가 있으며, 많은 다이어트 식단에 닭가슴살 등 고단백 식품이 오르는 것도 그런 이유에서입니다.

4) 결핍되면 위험한
미네랄을 섭취하자

미네랄이 우리 몸에서 차지하는 비중은 고작 4%에 불과합니다. 그럼에도 탄수화물, 단백질, 지방, 비타민과 함께 우리 몸의 5대 영양소라고 불리는 이유도 미네랄의 역할이 지대하기 때문입니다.

우리 몸은 기본적으로 에너지 활동으로 생명을 유지합니다. 이 에너지가 없다면 아마 우리 몸은 얼음처럼 굳어버릴 것입니다. 미네랄의 역할을 단적으로 설명하자면, 미네랄은 체내의 생명 에너지를 온몸에 골고루 전달해 활성을 돕는 전달자의 역할을 합니다.

한 예로 미네랄은 인체 내의 모든 생체기능을 조절하는 역할을 하는데, 신경 자극의 전달, 근육 수축 등 15만 가지의 생화학적, 전기적 작용을 담당하는 각종 효소의 생성과 기능에 영향을 미칩니다. 뿐만 아니라 인체 내 모든 조직, 혈액, 세포들이 정상적 기능을 하는 데 가장 적정한 산성도인 ph 7.35~7.45를 유지시켜 강력한 면역력을 갖추도록 돕는 만큼 결핍에 특히 신경 써야 합니다.

한 예로 칼슘, 마그네슘, 유황, 칼륨 등의 필수 미네랄 등은 다른 영양소의 흡수와 활동을 돕고 영양을 공급하며, 마그네슘, 칼륨, 나트륨 등은 체내의 삼투압을 조절하는 등 수분 균형 유지에 영향을 미치는 만큼 충분한 양을 섭취하지 않으면 결핍으로 인한 작고 큰 이상이 발생할 수 있습니다.

나아가 미네랄은 그 종류도 다양해 그 수가 약 70여 가지에 이르는데, 다량으로 요구되는 필수 미네랄은 나트륨(Na), 칼슘(Ca), 인(P), 마그네슘(Mg), 칼륨(K), 유황(S), 염소(Cl) 등이며, 망간(Mn), 코발트(Co), 요오드(I), 붕소(B), 게르마늄(Ge), 리튬(Li), 질소(Ni), 몰리브덴(Mo), 바나디움(V), 규소(Si), 스트론튬(Sr), 주석(Sn), 불소(F), 치탄(Ti), 루비듐(Rb), 바륨(Ba), 텅스텐(W),알루미늄(Al), 철(Fe), 아연(Zn), 구리(Cu), 셀레늄(Se), 크롬(Cr), 니켈(N i), 풀루오르(F) 등도 우리 몸이 꼭 필요로 하는 영양소입니다.

미네랄과 질병

최근의 주요 발표들에 의하면, 세계 인구의 무려 3분의 1이 미네랄 결핍에 시달림으로써 정신적, 신체적 발육 부진을 앓고 있고, 지능지수도 최고 15% 하락했다고 합니다. 한 전문가는 이 같은 광범위한 미네랄 결핍을 '숨겨진 기아'로 정의하기도 합니다.

사실 미네랄의 중요성이 강조되기 시작한 것은 오래되지 않았습니다. 사실상 미네랄은 다른 대량 영양소에 비해 우리 몸에서 차지하는 비율이 고작 4%에 불과해서 주목을 받기 어려웠습니다. 하지만 앞서도 보았듯이 이 4%의 미네랄의 활동량은 막대합니다. 우리 체내의 신경·전기 시스템 운영의 기본요소로서 신경자극을 전달하고 근육 수축 등 인체의 생화학적, 전기적 작용을 담당하는 각종 효소를 생성하는 이 모두를 미네랄이 합니다.

따라서 미네랄은 부족 시 자율신경의 기능이 떨어져 심장병, 고혈압, 근육 경련 등이 나타날 수 있으며, 만일 우리 몸에 더 이상 충분한 미네랄이 들어오지 않아 이 기능이 중지되면, 결과적으로 인체의 다른 모든 기능까지 중단되어 심할 경우 죽음에 이를 수도 있습니다.

디톡스 다이어트와 미네랄

미네랄이 가지는 중요한 또 하나의 기능은 해독에 있습니다. 특히 칼슘(Ca),마그네슘(Mg),칼륨(K),철(Fe), 아연(Zn), 망간(Mn),나트륨(Na) 등은 신체 내에서 발생하는 활성산소나 음식물이나 호흡을 통해 들어오는 각종 외부 독소인 금속, 매연, 환경호르몬 등을 해독하는 기능을 가지는데, 만일 이 미네랄들이 부족하게 되면 독성물질에 대한 해독력이 떨어져 질병에 대한 면역력이 크게 약화될 수밖에 없습니다. 따라서 극심한 피로를 느끼거나 아무리 쉬어도 피로가 회복되지 않는다면 위의 미네랄 부족을 의심해봐야 합니다.

나아가 다이어트에서도 미네랄은 중요한 역할을 합니다. 비만이란 결국 몸 안에 체지방이 과도하게 쌓였다는 증거입니다. 따라서 과도한 체지방으로 인한 고혈압, 심혈관 질환, 동맥경화증, 당뇨 등의 위험도 동시에 높아지게 됩니다.

다이어트를 할 때 식사 조절과 운동 외에 반드시 필요한 처치 중의 하나가 미네랄의 섭취입니다. 지방 대사는 지방 분해 단백질인 효소를 통해 이루어지는데 이 효소는 또 다시 미네랄이 없으면 활성화되지 않기 때문입니다. 즉 체내에 미네랄이 풍부하면 지방을 태우는 활성 작용이 증강되는 반면, 미네랄이 부족하면 효소의 활성 능력이 떨어져 소화, 흡수, 배설, 해독 등의 대사 기능이 떨어지면서 비만은 물론 대사 이상, 심혈관계 질병이 생겨날 수 있습니다.

미네랄 종류	체내 기능
규소(Si),칼슘(Ca),마그네슘(Mg),칼륨(K),철(Fe), 망간(Mn),나트륨(Na),인(P), 아연(Zn),유황(S)	• 신체 성장 촉진 • 신진대사 활성화 • 세포 재생 • 세포노화 방지 및 치료
규소(Si),칼슘(Ca),칼륨(K),철(Fe),아연(Zn), 나트륨(Na),칼륨(K)	• 위장 강화 • 영양 섭취
규소(Si),칼슘(Ca),망간(Mn),인(P),아연(Zn))	• 골격 및 치아 건강 유지
칼슘(Ca),철(Fe),아연(Zn),구리(Cu)	• 소염 작용, 저항력 부여
칼륨(K)	• 장기 건강과 보존 • 시력 감퇴 방지
요오드(I)	• 갑상선 기능 조절
칼륨(K),망간(Mn),철(Fe),아연(Zn),치탄(Ti),인(P), 마그네슘(Mg),구리(Cu),칼슘(Ca)	• 피를 만드는 조혈 • 출혈 방지 • 말초혈관 강화 • 동맥경화 예방 및 치료 • 심장 강화, 혈압 조절
아연(Zn),망간(Mn),마그네슘(Mg),구리(Cu)	• 생식기능 활성 • 호르몬 조절로 불임 및 불감증 해소
칼륨(K),철(Fe),망간(Mn),치탄(Ti),칼슘(Ca)	• 신경 세포 강화 • 노화 방지 • 신경통 및 신경마비 예방과 치료
유황(Si),칼슘(Ca),마그네슘(Mg),칼륨(K), 철(Fe)	• 피부 점막 및 모발 보호 • 피부 건강 유지
칼슘(Ca),철(Fe),인(P),마그네슘(Mg)	• 탄력 있는 근육 생성 • 체형 조절과 균형 유지
칼슘(Ca),마그네슘(Mg),칼륨(K),철(Fe), 아연(Zn), 망간(Mn),나트륨(Na)	• 간장 • 신장 • 췌장 기능 강화 • 체내 해독, 배설 • 당분과 신체 조절
아연(Zn), 철(Fe), 망간(Mn),마그네슘(Mg), 구리(Cu), 나트륨(Na),칼륨(K)	• 인체효소 생성 및 조절 • 혈색소 기능 조절 • 탄수화물 이화 작용

5) 면역력을 높여주는
비타민과 식이섬유를 섭취하자

독소로부터 몸을 보호하고, 적절한 체중 조절 기능을 회복하기 위해서는 독소와 질병에 대항하는 인체 면역력을 높여줄 필요가 있습니다. 면역력이 강한 사람은 독소 해독 능력이 뛰어날 뿐만 아니라, 인체 대사가 활발해지니 살 찔 염려도 줄어들 수밖에 없습니다.

앞서 강조한 단백질과 미네랄뿐만 아니라 인체 면역력에 결정적인 역할을 하는 영양소들이 또 있습니다. 바로 비타민과 식이섬유입니다. 이 두 영양소는 인체 최대의 면역 기관인 장을 건강하게 하고, 생체 활성을 도와 면역력 증강에 도움을 줍니다.

특히 이 두 물질은 서구화되고 지나친 화식(火食) 위주의 식단에서는 쉽게 결핍이 생길 수 있는 만큼 섭취에 주의가 요구됩니다. 다만 최근에는 다양한 건강 보조 식품 등으로 충분한 보충이 가능한 만큼 이를 적절히 이용하는 것도 좋은 방법입니다.

식이섬유와 면역력

인체에서 면역과 관련해 가장 큰 역할을 담당하는 기관은 바로 장입니다. 알려져 있다시피 장의 부패는 모든 질병의 근원이라고 알려져 있습니다. 장 부패란 장 안에 유해한 세균이 증가함으로써 장의 활성에 문제가 생기는 경우입니다.

이 장 부패는 한 순간에 일어나는 것이 아니라 서서히 진행됩니다. 인스턴트나 가공식품처럼 유해물질이 많이 함유된 식품을 장기간 섭취할 경우, 장 내 좋은 균은 줄어들고 유해균이 증가하면서 문제가 생기는 것입니다.

반면 장 내 미생물 중에는 몸에 아주 유익한 것들도 있습니다. 그 중에 대표적으로 우리 몸에 좋은 영향을 미치는 균이 바로 유산균입니다. 유산균은 당류를 발효하여 다량의 젖산을 생성하고 부패를 방지하며 젖산균이라고도 불리는데, 유독한 세균의 성장을 막고 대장 내부를 청소해주며, 암세포의 증식을 억제합니다.

그런데 이 유산균을 잘 키워내기 위해서는 장 건강에 도움이 되는 식품을 섭취해야 하는데, 그중에 대표적인 것이 식이섬유입니다. 좋은 토양에서는 좋은 과일이 수확되는 것처럼 장 면역력을 조절하는 식이섬유를 충분히 섭취해주면 인체 면역력이 강화되고 더불어 몸도 건강해질 수밖에 없습니다.

나아가 식이섬유가 우리 몸에 필요한 이유가 또 하나 있습니다. 바로 효소와의 연계작용입니다. 앞서 봤듯이 효소는 대사 배설 활동 등 몸 안의 찌꺼기를 방지해주는 영양소인데, 장내 부패를 방지하고 장 청소를 진행하는 이 효소는 식이섬유와 만날 때 가장 좋은 효과를 보입니다. 한편 효소가 아무리 왕성하게 노폐물의 분해를 실시해도 이것을 장 밖으로 배출해줄 식이섬유가 없다면 장 청소가 불가능해집니다. 따라서 장의 면역에 신경 쓰며 음식물을 섭취할 때는 반드시 식이섬유가 풍부한 음식을 함께 섭취해야 합니다.

비타민과 면역력

비타민은 각종 생리 작용을 돕는 필수 성분으로 우리 몸의 거의 모든 활동에 관여한다고 봐도 과언이 아닙니다. 비타민의 중요성은 많이 알려져서 많은 이들이 비타민 섭취에 심혈을 기울이고 있지만, 여전히 비타민이 부족한 식생활을 유지하는 이들이 적지 않습니다.

특히 비타민은 체내에서 자체 합성되지 않는 영양소인 만큼 반드시 식품을 통해 섭취해야 하는데, 섭취량이 부족하면 야맹증(비타민A), 각기병(비타민B1), 괴혈병(비타민C), 곱추병(비타민D) 등의 비타민 결핍증에 걸릴 수 있습니다.

나아가 비타민은 결핍증을 예방하는 이상으로 노화를 방지하고, 암이나 심장병 등의 각종 성인병을 예방하고 신체 활력을 증진시키는 효과 또한 크므로 충분한 비타민을 섭취하면 면역 증진 효과와 더불어 질병 예방 효과를 볼 수 있습니다.

최근 연구에 따르면 비타민 C와 E, 비타민A의 일종인 베타카로틴 등의 항산화제는 노화를 유발하는 활성 산소의 작용을 막아서 노화와 암을 방지하며, 면역력 역시 증진시킨다고 합니다. 나아가 인스턴트와 가공식품의 남용과 불규칙한 식생활 습관으로 우리 몸이 요구하는 비타민 양이 더 많아지고 있는데, 담배를 많이 피우는 경우에는 비타민 C와 비타민 E · β카로틴을 일반인보다 많이 섭취하면 좋고, 술을 많이 마시는 경우에는 비타민 B1과 마그네슘을 더 많이 섭취하면 큰 도움을 받을 수 있습니다.

임산부의 경우에는 태아 발육을 위해 폴산을, 갱년기 여성은 골다공증을 방지하기 위해 칼슘과 비타민 D를 많이 섭취하는 등 필요량을 충분히 섭취해주면 건강 유지에 큰 도움이 됩니다.

6) 미량 영양소와 단백질을 하루 한 끼를 꼭 섭취

'생명의 사슬' 이론을 창안한 로저 윌리엄스 박사는 사람이 건강하게 살아가려면 일상적인 식사를 통해 8가지 필수아미노산, 16가지 필수미네랄, 20가지 비타민 등 도합 44가지의 필수영양소를 충분히 공급받을 필요가 있다고 강조한 바 있습니다. 불균형한 식사로 이들 가운데서 단 1가지만 필요 수준 이하로 떨어져도 생명의 사슬이 망가지면서 질병에 걸리게 된다는 것입니다. 무조건 음식을 줄이는 초절식이 아닌 하루 세끼를 균형 잡히게 섭취하는 1일 3식을 유지하는 것이 결과적으로 건강에 도움이 되는 이유가 여기에 있습니다.

실로 많은 전문가가 1일 3식이 체중 조절에 가장 합리적이라는 데 동감합니다. 열량과 영양만 잘 조절해 식단을 개선하면 1일 3식이야말로 식이요법 중에 가장 건강한 방식이라는 것입니다.

실로 1일 3식은 보상 심리에서 해방되어 군것질의 유혹에서도 벗어날 수 있고, 영양소나 에너지를 충분히 공급받으며, 생체 시계에도 걸맞습니다. 즉 하루 세끼를 규칙적으로 섭취하면 폭식이나 초절식과 같은 무리한 섭식을 피할 수 있고, 충분한 영양을 공급할 수 있습니다.

저녁은 단백질 식단으로 짜라

몸에 필요한 영양소를 골고루 섭취하는 한 끼 식사는 그 자체로 보약과 같습니다. 이렇게 신경 써서 섭취한 식사는 인체의 방어시스템을 견고하게 쌓고 자연치유력을 높여줍니다. 반대로 무절제한 식습관은 우리 생명의 사슬을 파괴하는 결과를 낳을 수밖에 없습니다. 여기서 우리는 암 연구 권위자인 윌리엄 리진스키 박사의 한 마디를 기억해야 합니다. 그는 "대부분의 암은 30~40년 전에 먹은 음식이 원인"이라고 말하고 있는데, 무너진 음식 균형이 면역 기능의 저하를 낳아 세포가 질병을 일으키기 때문입니다. 건강한 식단을 유지하는 것이 얼마나 중요한지를 알 수 있게 하는 대목입니다.

또 하나, 건강을 위한 식습관 중에 지켜야 할 또 한 가지는 바로 소식입니다. 인체는 사실상 20대까지는 성장기라고 볼 수 있습니다. 잘 먹고 많이 움직여야 합니다. 하지만 그 이후에는 기초대사량이 떨어지고 성장이 멈추는 만큼 70% 정도만 열량을 섭취하는 것이 좋습니다. 그러면 몸과 두뇌에 활력이 넘치고 장수할 수 있습니다. 그럼에도 자칫 폭식의 유혹에서 벗어나기 어려운 경우가 많은데, 특히 저녁식사 때 몰아서 먹거나 고열량 식사를 하는 경우가 적지 않습니다.

따라서 소식을 유지하기 위해서는 특히 저녁을 가볍게 먹는 일입니다. 자칫 저녁에는 폭식을 하거나 고열량 식사를 하는 경우가 많은 만큼 단백질, 미네랄, 식이섬유, 비타민 등을 충분히 섭취한 식단을 짜서 해독 작용과 대사 작용을 높여야 합니다.

기능성 식품을 고려하라

하지만 매일 매일 제대로 된 식단을 차려 먹는 일은 마냥 쉽지 않습니다. 각각의 영양소를 고려해 다양한 식재료를 준비해야 하는데 바쁜 현대인들에게는 부담스러울 수 있습니다. 만일 많은 시간을 투자해 영양가 있는 식단을 차리기 어렵다면, 식사 대용 제품을 이용하는 것도 한 방법입니다. 다만 시중에 많은 아침식사대용 제품이 나와 있는 만큼 꼼꼼히 비교하고 살펴봐야 합니다. 그 기준은 다음과 같습니다.

첫째, 믿을 만한 회사가 제조한 식품인가.

둘째, 단백질과 미네랄, 비타민 등을 골고루 포함하고 있는가.

셋째, 충분한 포만감을 주는가.

넷째, 부작용은 없는가.

특히 아침식사 대용 제품은 어떤 영양소를 얼마만큼 함유하고 있는지가 품질을 결정하는 만큼 선택하기 전에 해당 제품의 칼로리와 당 지수, 나아가 포함된 영양소군 등을 꼼꼼하게 확인해봐야 할 것입니다.

● 이것만은 알고 넘어가자 : 다이어트와 함께 세포 재생을 돕는 먹을거리와 그 밖에 주의사항은?

선인장

선인장은 장 청소에 큰 도움을 주는데, 열매와 줄기를 모두 사용할 수 있다. 선인장에는 변비 치료, 이뇨 효과가 있으며 당뇨, 천식, 고혈압 등에도 효과가 있다. 또한 식이섬유가 풍부하게 함유되어 있어 장 건강에도 효능이 있다.

다시마 추출물

몸에 좋은 다시마는 혈관 청소에 효능이 좋은 식품으로 알

긴산, 후코이단 등의 유효 성분이 포함된 알칼리성 저칼로리 식품이다. 장내 콜레스테롤을 흡착해 고지혈증, 동맥경화를 예방하고, 풍부한 요오드, 칼슘, 칼륨, 마그네슘 등이 갑상선, 고혈압, 심장병을 예방하는 데 도움을 준다. 또한 후코이단 성분은 암세포가 스스로 자살하도록 유도한다.

바나바 잎

바나바 잎은 혈당 조절에 효과가 좋다. 코로솔산이라는 식물 인슐린이 혈당을 근육세포로 흡수하고 에너지를 소모시켜 혈당치를 유지시키는 동시에 식욕 조절과 포만감 유지에도 도움을 주어 당뇨병 예방에 효과가 있으며 뿌리는 위장병 개선에 좋은 효능을 가진다.

고추기름

고추에서 추출한 고추기름은 캡사이신이라는 유효 성분이 지방을 억제하고 신진대사 활성을 돕는다. 또한 지방 합성을 방해하고 지방 연소를 촉진해 비만 개선에 도움이 된다.

녹차 추출물

녹차 추출물의 카테킨과 테아닌은 지방 분해에 도움을 주고 스트레스를 조절한다. 또한 새로운 혈관 형성을 억제하고 지방 분해 기능을 하며 항암 및 항산화 작용과 스트레스 조절, 긴장 완화에도 도움이 된다. 뇌파를 알파파로 유지해 세로토닌, 도파민 등을 촉진시키는 효과도 있다.

돌외잎

돌외잎에 포함된 액티포닌은 지방을 분해하고 스트레스를 조절한다. 돌외잎에 다량 함유된 진세노사이드는 기관지염과 기침을 억제하는 데 도움이 되고 면역력 증대, 소염 작용 등을 통해 스트레스, 불안장애를 개선한다. 또한 에너지 생산 효소를 활성화해서 지방 축적을 억제하고 지방 연소를 촉진한다.

샤프란

금보다 비싼 고가의 향신료인 샤프란은 암술을 사용하는데, 생리불순과 갱년기 장애를 개선하고, 습관성 유산, 자궁 출혈, 백일해, 타박상, 류마티즘, 신경통을 개선한다. 또한 진통제, 신경안정제 기능을 함으로써 스트레스를 완화한다. 식사 포만감을 높여 비만에 도움이 된다.

코코아

코코아에 포함된 폴리페놀은 식욕을 억제하고 스트레스를 조절하며, 고혈압, 심장질환에도 도움을 준다. 테오브로민 성분은 정신을 맑게 하고 혈액 순환을 도와 피로회복 효과가 있으며, 페닐에틸아민은 심신 안정에 도움을 준다.

석류 추출물

여성호르몬과 이소플라본이 풍부한 석류는 여성 갱년기 증상 치유에 효과가 있으며, 지방분해 및 피부미용 효과를 가진다. 당뇨병, 동맥경화 등을 예방하고 석류 껍질의 타닌 성분은 항암 효과를 가진다.

체리 추출물

체리는 케르세틴과 안토시아닌, 식이섬유가 풍부해 스트레스를 조절하고 항산화 기능을 하며, 소염, 살균 효과로 류마티스 관절염에 도움이 된다. 식물성 멜라토닌 성분이 생체리듬을 조절하여 숙면에 도움이 된다.

클로로필(chlorophyll)

클로로필은 탁월한 항산화 기능을 지니고 있기 때문에 유리기를 중화시키고, DNA의 손상을 방지하며, 방사선이 인체에 끼칠 수 있는 피해를 줄여준다. 또 이 물질은 혈액을 맑게 해주고, 인체에서 발생하는 악취를 제거하는 기능을 하며, 면역 기능 활성화, 조혈 기능, 산성체질 개선, 면역력 상승, 살균 작용, 암세포 발생 억제 등에 도움이 되는 것으로 알려져 있다.

_ 디톡스 다이어트의 주의사항은 무엇이 있는가?

- 체온을 높이려면 소식해야 합니다. 특히, 과식은 혈액을 위장에 집중시켜 다른 장기에 혈액이 원활하게 돌지 않아 체온이 떨어지게 됩니다.
- 스트레스를 없애는 일도 중요합니다. 저체온을 유발하는 가장 큰 인자 중에 하나가 바로 스트레스입니다.
- 배를 따뜻하게 해야 합니다. 배를 노출하거나 찬 음식을 먹으면 체온이 쉽게 떨어집니다. 손과 발을 따뜻하게 하는 것도 마찬가지로 중요합니다.
- 충분한 수면과 규칙적인 운동도 필요합니다. 운동과 수면은 손과 발의 혈액 순환을 도와 체온을 올려줍니다.
- 반신욕이나 족욕, 따뜻한 차 등을 이용해 평소 열을 내서 땀을 배출하는 습관을 들이는 것이 좋습니다.

5장

다이어트 비즈니스로 고수익을 벌 수 있다

1) 비즈니스화 된
다이어트 시장의 무한가능성

최근 몇 년 간 다이어트 시장은 하루가 다르게 성장하고 있습니다. 이 같은 다이어트 시장의 증가는 현재 세계적인 추세로서, 그 중에서도 우리나라의 다이어트 시장은 1992년 다이어트 붐이 일기 시작한 이후로 매해 40% 신장이라는 놀라운 성장률을 기록했습니다.

이는 한국 사회의 비만 문제가 심각해지고 있는 상황과 우선적으로 관련이 깊습니다. 지난해 한국의 비만 인구는 138만 명 정도로 파악되는데, 과체중 인구 755만명까지 포함할 경우 잠재적인 비만 인구 수가 무려 890만 여 명에 육박합니다. 삼성경제연구소에 따르면 지난 10년간 한국의 비만인구비율은 1.5배 증가했고, 특히 40~60세 중년 남성의 과체중 이상 비율은 40%를 넘어섰다고 합니다. 상황이 이렇다 보니 국내 다이어트시장 규모도 확대 일로에 있습니다. 공식적인 통계는 없지만 업계 추산에 의하면, 다이어트 시장 금액이 무려 약 8조 원에 이르는 것으로 나타났습니다. 한 예로 한국은 미국 다이어트시장의 10분의 1 규모로 추산되는데, 미국 다이어트시장이 80조원 가까이 됐으니 한국은 8조원 정도로 보는 게 적절하다는 분석입니다.

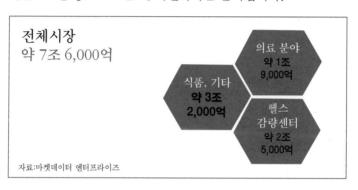

전체시장
약 7조 6,000억

식품, 기타
약 3조
2,000억

의료 분야
약 1조
9,000억

헬스
감량센터
약 2조
5,000억

자료:마켓데이터 엔터프라이즈

여성 10명 중 8명은 다이어트를 한다

나아가 다이어트가 아름다워지기 위한 필수 과정으로 여겨지는 요즘 추세도 다이어트 시장 확대에 기여하고 있습니다.

한 언론사의 설문조사에 의하면 한국 여성 80% 가량이 다이어트를 경험했다고 합니다. 이는 10명 중에 8명이 몸무게를 줄이기 위해 운동을 하거나 절식과 단식, 혹은 약 복용, 체형 관리 등을 시도해 본 적이 있다는 뜻입니다. 나아가 국내 여고생들의 다이어트 인식을 조사해본 결과, 정상 체중 여학생 중의 35.6%가 자신을 뚱뚱하다고 생각하는 것으로 나타났습니다.

종종 한국에 사는 외국인들에게 "과연 한국 여성들이 뚱뚱하다

우리나라 여중고생 다이어트 인식

여중고생 72,000명 조사

- 정상체중 35.6% - 자신은 살이 쪘다고 응답
- 최근 한 달간 다이어트 시도 - 43%
- 의사 처방 없이 약 복용 - 20%

출처:매일경제신문 2013년 5월 19일

고 생각합니까?"라고 물어보면 대부분은 한국 여성들은 날씬한 편이며, 왜 다이어트를 하는지 이해를 못하겠다고 답합니다. 물론 이는 나라마다 사람마다 보는 기준이 달라서일 수도 있지만, 우리나라 여성들의 경우 자신을 뚱뚱하다고 생각하는 '심리적 비만도'가 높다는 점을 알 수 있습니다.

2011년 한국 경제 매거진의 조서에 의하면 우리나라 '95%'의 여성들이 스스로를 뚱뚱하다고 생각하는 것으로 밝혀졌습니다. 이들은 비만 상태가 아님에도 더 마르고 날씬한 몸을 갖기 위해 다이어트에 올인하는 경우가 많습니다.

물론 비만은 여러 현대병과 난치병을 불러오는 원인이 된다는 점에서 개선되어야 할 문제입니다. 그러나 문제는 자신은 절대 뚱뚱해져서는 안 되며, 조금이라도 살이 찌면 빼야 한다는 강박이 오히려 건강을 망치는 다이어트를 초래할 수 있다는 점입니다.

올바른 다이어트가 필요하다

다이어트 비즈니스가 전문화되어야 하는 것도 그런 이유에서 입니다. 대부분은 그저 아름다워지고 싶다는 욕구, 나아가 체중을 줄이고 싶다는 욕구만으로 다이어트를 결정합니다. 다이어트가 가져오는 건강 증진 효과는 무엇이고, 어떤 다이어트가 건강한 다이어트인지에 대해서는 제대로 알아보지도 않는 것이 현실입니다.

그렇다면 사람들은 어째서 체중계의 눈금에 그렇게도 얽매어 있을까요? 그것은 많은 다이어트 비즈니스 종사자들이 체지방을 줄이는 것이 진짜 다이어트임을 무시하고, 그저 몸무게를 줄이는 것에 중점을 둔 광고를 계속 반복하기 때문이 아닐까 생각이 됩니다.

사실상 육안으로는 뚱뚱해 보여도 체중 감량이 필요 없는 사람이 있는가 하면, 반대로 아주 말라 보여서 체중 감량이 필요한 사람도 있습니다. 전자의 경우 비록 뚱뚱해 보여도 근육량이 많고 적정량의 체지방을 가지고 있다면 체중 감량이 필요 없는 것이고, 반면 말랐더라도 근육량이 너무 적고 체지방률은 과다하다면 반드시 다이어트를 해야 하는 것입니다.

따라서 무조건 살을 빼는 것만이 옳다고 보는 관점을 다이어트

에 대한 많은 오해를 낳을 수 있는 만큼, 몸 상태를 분석한 이후
에 가장 적절한 방법으로 체중 조절을 하는 것만이 건강한 다이
어트라는 점을 고객들에게 알려줄 만한 전문가가 필요한 것도 이
런 이유에서이며, 앞으로 다이어트 전문가는 결코 불황을 모르는
최고의 전문직으로 각광 받게 될 것입니다.

2) 고객 관리로
고소득을 올리는 비법

다이어트만큼 작심삼일로 끝나기 쉬운 것이 없습니다. 따라서 다이어트 전문가라면 철저한 고객 관리로 고객의 다이어트를 도와 성공률을 높여야 합니다. 이처럼 성공률이 높아지면 고객 역시 만족도가 올라가면서 비즈니스 또한 자연스레 성공적으로 이뤄질 수밖에 없습니다.

고객 관리의 중요 목적은 다음의 몇 가지 핵심을 포함합니다. 첫째는 현대인에게 만연된 야식 증후군 습관을 개선하는 것입니다. 저녁 이후로 고칼로리 음식을 섭취하는 사태를 방지하기 위해 야채나 당분이 낮은 과일, 저칼로리 간식 등을 적절히 섭취해야 합니다.

둘째는 식이섬유와 단백질 섭취입니다. 이 두 영양소는 건강, 질병과 긴밀한 연관을 가지는 만큼 충분한 섭취를 유도해야 합니다.

셋째는 규칙적인 식사 습관을 가지고, 물을 마시는 습관을 개선해 공복에서 천천히 물을 마시는 것을 생활화할 수 있도록 돕습니다. 또한 50회 이상 천천히 씹어 먹는 습관을 들이도록 도와야 합니다.

또한 스트레칭이나 계단 오르기처럼 틈을 내서 할 수 있는 운동들을 익히도록 돕고, 식탐이 생길 때 양치질하기, 물 마시기처럼 식욕을 제어하는 등 다양한 행동 수정 요령도 배우도록 독려해야 합니다.

이처럼 습관과 행동 수정 요령을 고객에게 전달하려면 고객으로 하여금 다음의 몇 가지 설문을 스스로 작성해 일상적 패턴을 인지하고 개선할 점을 찾을 수 있도록 도와야 합니다.

- ♤ 평균적인 기상 시간은?
- ♤ 평균적인 취침 시간은?
- ♤ 하루 세 번 식사는 규칙적으로 하고 계십니까?
- ♤ 아침과 점심식사 시간의 간격?
- ♤ 점심과 저녁식사 시간의 간격?
- ♤ 외식은 일주일에 몇 회 정도 하십니까?
- ♤ 좋아하는 음식이나 자주 먹는 음식, 그리고 기호식품을 얼마나 먹는지 구체적으로 기록해주세요. (술, 담배, 커피, 음료수, 인스턴트식품, 밀가루 음식, 기타 등등)
- ♤ 하루에 물은 어느 정도 드십니까?
- ♤ 보통 물을 섭취하는 시간은 언제입니까?

식사 일기 쓰기

　우리는 하루를 정리할 때 일기를 씁니다. 하루 동안 있었던 일을 되짚고 반성하며 미래로 나아가기 위함입니다. 이는 다이어트에서도 필요한 과정입니다. 비만을 치유하는 과정에서 식사일기는 자신의 먹는 행위와 관련된 잘못된 점을 깨닫는 자기관찰 단계로서, 이를 통해 자신의 식습관을 개선할 기회를 만들 수 있습니다.

　이 식사 일기는 반드시 그날 시시 때때로 기입하는 것이 중요한데, 결과에 대한 자기평가도 그날 중에 하는 것을 원칙으로 합니다. 이렇게 차곡 차곡 쌓인 식사일기는 평상시에 먹는 습관을 살핌으로써 본인도 의식하지 못했던 비만의 원인을 파악하는 중요한 자료가 될 수 있습니다.

● 식사일기의 예

시간	장소	음식, 음료(양)	상황	목적	동반 행동	배고픈 정도	기분	개선점
2011. 1.1 12시	중국집	자장면 1그릇 탕수육 10개 커피믹스	친구 만남	사교	대화	1	좋음	중국음식 보다 한식집

각각의 항목들을 쓸 때는 다음을 참조하도록 합니다.

● 먹은 음식과 양을 구체적으로 기록한다

예) 치즈 버거 : 치즈, 소고기 패티, 양파, 토마토, 양상추

삼겹살 : 돼지고기 100그램, 상추 10장, 고추 2개, 깻잎 5장

● 식사 시간 : 총 소요 시간을 적는다

예) 식사 시작에서 종료 시간까지 12시 30분부터 50분까지

총 20분 소요

● 식사 장소 : 구체적으로 적는다

예) 횟집, 갈빗집, 중국집

● 섭취 상황

예) 배가 고파서, 엄마가 권해서, 냄새가 좋아서, 무의식적으로

등 식욕의 변화 과정도 기록한다.

● 누구와 함께 식사했는가?

예) 가족, 친구, 혼자

● 음식 섭취의 목적

예) 친구를 만나서, 심심해서, 배가 고파서, 스트레스 해소를 위해서, 음식이 눈에 보여서 등등

● 동반 행동 : 무엇을 하면서 식사했는가?

예) 친구와 가족과 대화하면서, 식사만 했다, TV를 보면서, 책을 읽으면서 등등

● 먹기 시작할 때의 배고픔과 정신적으로 힘든 정도

예) 배가 매우 고팠다. 조금 고팠다. 배고프지 않았다. 배가 조금 불렀다.

● 음식을 먹을 때의 기분

예) 매우 즐거웠다, 우울했다. 그냥 그랬다.

● 개선점 및 스스로 평가

하루 식생활을 되돌아보고 구체적으로 기록한다. 주변의 칭찬과 격려도 역시 구체적으로 기록한다.

SNS를 활용한 고객관리

고객관리는 기본적으로 고객과의 잦은 접촉이 바탕되어야 합니다. 다이어트 시 고객과 자주 통화를 하거나 만나서 고객이 올바른 방향으로 나아가고 있는지를 체크하고, 끊임없이 격려와 칭찬을 해줄 필요가 있습니다.

● 편한 시간을 미리 물어두어야 한다
- 몇 시에 전화 드리면 가장 편하세요?

● 처음 일주일은 날마다 하는 것이 좋다.

● 최소 1, 3, 5, 7, 15일 간격으로 통화한다.

● 제품과 관련한 고객의 반응을 체크하고 모니터한다.
- 첫날 : 제품 맛이 어때요?
- 둘째날 : 어떻게 드셨어요?
- 셋째날 : 몸 컨디션은 어떠세요?

전화 통화나 만남뿐만 아니라, SNS 또한 다이어트에 필요한 정보를 전달하고, 고객을 북돋을 수 있는 최고의 소통 도구인 만큼 널리 활용할 필요가 있습니다. SNS를 활용할 때는 다음의 몇 가지를 염두에 두어야 합니다.

● 시기마다 적절한 조언과 지침을 전달할 수 있어야 한다.
- 아침 : 좋은 아침입니다. 제품 드셨죠?
점심 전에 물 3잔 이상 드세요.

- 점심 : 점심 맛있게 드세요. 잠깐!
(밀가루 음식과 국물은 피하시고요)
50번씩 꼭꼭 씹어 드세요.
식사 시간을 5분만 늘리세요.

- 간식 : 오후 식간에 물 500ml 이상 드세요!
오이, 당근으로 간단히.
견과류 조금 드세요.

- 저녁 : 저녁식사가 결정적 역할.
잠깐의 유혹이 평생 건강을 좌우 합니다.

- 야간 : 4시간 공복 후 잠자리에 드세요.
물 꼭 챙겨 드시고, 배고플 땐 야채를 드세요.

3) 모든 사람이 다이어트 고객이다

우리나라 다이어트 시장은 날로 성장하고 있는 이유 중에 하나는 웰빙 바람에 맞추어 체중을 감량하는 사람도 많아졌지만, 대부분의 사람들은 아직도 어쩔 수 없이 살이 찔 수밖에 없는 환경 속에서 살고 있기 때문입니다. 이처럼 다이어트 고객층이 두터워지고 다이어트 시장이 확대되는 요인은 아주 다양하겠지만, 가장 큰 이유는 식생활에서 찾을 수 있지 않을까 싶습니다.

실제로 60~70년대 우리나라 국민들은 지금처럼 뚱뚱하지 않았습니다. 통통한 어린아이가 얼마나 드물었으면 통통한 어린아이를 뽑아서 상을 주는 '우량아 선발대회'라는 것을 했을까요? 심지어 그것도 TV 중계까지 해서 전 국민들이 그걸 보며 부러워하는 풍경이 낯설지 않았습니다. 만일 지금 그런 대회가 있다면, 아이들끼리 경쟁이 아주 치열하지 않을까 하는 생각에 마음이 착잡해지기도 합니다.

이 시절에 뚱뚱한 사람이 적었던 이유는 먹을거리와 식단을 보면 쉽게 답을 얻을 수 있습니다. 일상적으로 잡곡밥과 야채 위주로 식사를 했던 이 무렵에는 탄수화물에서 열량을 얻고 지방 섭취는 극히 드문 반면 식이섬유와 비타민, 미네랄 등의 영양소는 풍부한 식단을 주로 섭취했다고 볼 수 있습니다. 고기 한 번 먹기가 힘들었던 당시에는 고기반찬에 고깃국이 최고였다고 하지만, 지금의 관점에서는 오히려 건강식이라고 할 수 있을 만합니다.

나아가 이때는 몸을 많이 움직이는 직업으로 생계를 꾸리는 이들이 많았던 만큼, 다소 과잉 섭취한 탄수화물 또한 몸 안에 체지방으로 쌓이지 않고 쉽게 연소되었을 것입니다.

서구화된 고열량 식단이 문제다

단언컨대 식단 문화가 바뀌지 않는다면, 우리나라 다이어트 시장은 지속적으로 확대될 수밖에 없다는 것이 통상적인 의견입니다. 그렇다면 우리의 식생활은 과연 어떻게 달라졌을까요? 이 문제의 답은 우리가 일주일 동안 먹는 식단을 살펴보면 금방 알 수 있습니다. 적지 않은 이들이 하루 3끼에서 한 끼 이상을 빵이나 파스타와 같은 서구식 식단으로 해결하는 것이 보편적인 추세입니다. 뿐만 아니라 가벼운 서구식 요리를 파는 레스토랑이 증가하면서 이런 추세는 더욱 강화될 것으로 예상됩니다.

또한 한국식 식단이라도 해도 외식의 경우 많은 화학조미료와 염분으로 범벅되어 있는 경우가 많아 건강 식단이라고 하기에는 부족합니다. 결론은 집에서 스스로 조리해먹는 음식이 가장 안전하고, 가장 저 칼로리 식사가 될 수 있지만 바쁜 생활 속에서는 이마저도 쉽지 않은 것이 현실입니다. 결국 앞으로 다이어트 시장은 확대될 수밖에 없으며, 동시에 비만과 독소로 인한 질환도 증가할 것이라는 것이 정설입니다.

이 부분에서 다이어트 비즈니스 종사자라면 한 가지 질문을 던져야 합니다. 혹자는 다이어트 비즈니스는 뚱뚱한 사람이 많아야 사업도 잘 되는 것이 아니냐고 말합니다. 틀린 말은 아닙니다. 아픈 사람이 많아야 병원이 잘 되듯이, 다이어트 비즈니스도 어찌 보면 고객 층이 많을수록 더 성황일 수 있습니다.

하지만 병원이건 다이어트 비즈니스건 한 가지 사실은 잊지 말아야 합니다. 나를 찾아온 이들에게 결과적으로 더 건강한 삶을 선사하는 데 비즈니스의 목적이 있다는 점입니다. 병원이건 다이어트 비즈니스이건, 인체와 건강과 관련한 사업에서 지나친 상업화를 경계해야 하는 이유가 여기에 있습니다.

다이어트는 삶의 질을 높이는 한 방법이다

이제 다이어트는 체중 감소만을 위한 것이 아닙니다. 날씬한 사람이 건강 면에서도 훨씬 질 높은 삶을 산다는 것은 잘 알려진 사실입니다. 더 아름다워지기 위한 다이어트에서, 이제는 더 건강해지기 위한 다이어트가 대세입니다. 또한 아주 뚱뚱한 사람이 아니라도 "2~3kg만 빼면 참 좋겠다.", "55사이즈 옷을 입을 수 있으면 여한이 없겠다." 등 아주 미미한 몸매의 변화로 자신감을 찾고자 하는 여성들도 늘고 있는 추세입니다.

참고로 다이어트란 이제 아름다움과 건강을 동시에 잡는 것이 중요하며, 체중을 줄이는 것보다는 체지방률을 낮춰 건강도 되찾고, 동시에 몸무게만 줄이는 것보다는 사이즈를 줄여서 탄력 있는 몸매를 갖는 것이 중요해졌습니다.

혹자는 다이어트 비즈니스라면 '살만 빼주면 성공이다' 라고 말할 수 있겠지만, 다이어트 전문가라면 건강과 다이어트에 대한 보다 넓은 시야가 필요합니다. 건강과 아름다움을 위해 나를 찾는 고객들에게 줄어든 체중 이상의 가치, 즉 건강한 삶이라는 비전을 제시할 수 있어야 하는 것입니다.

4) 하루 한 끼
식사 식단을 바꿔주면 성공이다

많은 이들이 다이어트에 효과를 보려면 최소 3개월에서 6개월을 지속해야 한다고 말합니다. 하지만 엄밀히 말해 이 이론 또한 틀렸다고 말할 수 있습니다. 다이어트는 말 그대로 '평생 해야 하는 것'이기 때문입니다. 이 사실을 고객들에게 알려주는 일은 결코 쉽지 않습니다. '빨리빨리'에 익숙해진 대부분의 고객들은 당장 눈에 보이는 효과를 원하기 때문입니다.

따라서 다이어트 전문가라면 이런 고객들에게 '평생 다이어트'의 필요성을 인지시키고, 이를 습관화할 수 있도록 기초를 잡아주기 위한 노력을 경주해야 합니다. 다이어트는 어떤 다이어트를 선택하는가가 아닌, 얼마나 오래 할 수 있는가가 중요하며, 평생 동안 다이어트를 지속할 수 있는 방법은 무리하거나 지치지 않는 다이어트를 하는 것임을 강조할 수 있어야 합니다.

그 첫 걸음은 고객에게 식단 조절을 권하고, 이에 성공하도록 돕는 것입니다. 식단 조절은 누구에게나 효과가 있으며, 장기적으로 이어질 때 식습관의 개선이라는 건강 비법을 선사합니다.

즉 건강한 식단을 유지하면 누구나 건강해질 수 있으며, 건강해
지면 아름다움은 자연스럽게 따라온다는 원리를 고객들에게 알
리는 일이 중요합니다.

무리하지 않은 식단 조절이 관건

수십 년간 유지해온 식습관을 한꺼번에 바꾸는 것은 사실상 불
가능하다고 해도 과언이 아닙니다. 인간은 관성의 법칙에 익숙한
동물입니다. 처음 며칠은 새로운 마음가짐으로 식단을 모조리 바
꿀 수도 있겠지만, 시간이 흐를수록 평소 먹던 음식을 찾게 되는
것이 보통 사람의 심리입니다. 이럴 때 무리하게 바뀐 식단을 밀
어붙이다 보면 이것이 엄청난 스트레스를 불러와 오히려 좋지 않
은 영향을 미칠 수 있습니다.

식단 조절을 한다고 하면 대부분은 거창한 계획부터 생각하기
쉽습니다. 하지만 식단은 가장 바꾸기 쉬운 것부터 바꾸면서 서
서히 변화를 이끌어내는 것이 효과적입니다. 예를 들어 당장 먹
는 식단을 모조리 바꾸기는 어렵지만, 평소 좋아하던 커피와 초
콜릿을 녹차와 과일로 바꾸는 것은 가능합니다.

모든 일에는 전략이라는 것이 존재합니다. 디톡스 다이어트도
마찬가지입니다. 제일 손쉽게 공략할 수 있는 부분을 찾아서 이

부분부터 시작하면 다이어트 성공률도 현저히 높아질 수밖에 없습니다. 나아가 단계적으로 식단을 천천히 바꾸면서 성취감을 느끼면, 다음 단계로 나아가는 데에도 큰 심리적 도움이 됩니다.

하루 한 끼를 바꾸는 것부터 시작하라

하루 세 끼를 먹는다고 가정할 때, 가장 바꾸기 쉬운 식단은 하루 한 끼입니다. 전체적으로 바꾸기 어렵다면 우선적으로 한 끼를 바꾸는 것이 현실적으로 성공률을 높일 수 있습니다.

다이어트 프로그래머의 역할이 필요한 것도 이때입니다. 다이어트 비즈니스는 단순히 체중 감량만을 도와주는 것이 아니라 올바른 식습관을 고객 하나하나에게 정착시킨다는 거시적인 목표 하에서 움직일 때 가장 큰 고객만족을 이끌어낼 수 있습니다. 또한 쉽사리 눈에 드러나는 결과에 혹하지 않고 장기적인 기간을 두고 진행하는 다이어트만이 건강 증진에 도움이 된다는 점을 인지시키는 데 힘을 쏟아야 할 것입니다.

단적으로 말해 다이어트 초반에 들어선 고객이 만일 프로그래머의 도움으로 아침 한 끼를 바꾸었다면, 그것만으로도 성공의 시작임을 인지하고 프로그램 전반을 성실하게 이끌어가야 할 것입니다.

5) 제품 판매가 아니라
프로그래머가 되어라

처음 컴퓨터를 접했을 때의 충격이 아직도 기억납니다. 컴퓨터는 하드웨어와 소프트웨어라는 프로그램의 결합으로 놀랄 만한 일들을 척척 해냅니다. 전 국민이 사용하는 핸드폰도 마찬가지입니다. 처음에는 전화만 주고 받는 수준이었던 핸드폰이 스마트폰이라는 진화를 이뤄내면서 이제는 다양한 어플 프로그램을 통해 업무뿐만 아니라 생활 전반에 영향을 미치고 있습니다.

프로그램의 진화가 필요한 것은 다이어트에서도 마찬가지입니다. 지금까지의 다이어트 프로그램은 대부분 제품 판매를 목적으로 제품 마케팅 방식으로 이루어져 왔습니다. 하지만 이제는 달라졌습니다. 수많은 다이어트 제품들이 봇물을 이루며 쏟아지는 상황에서 이제는 특정 제품만으로 다이어트 시장을 장악하겠다는 생각을 버려야 합니다.

프로그램이 승부를 결정한다

　다이어트도 이제는 제품 자체보다는 그 제품을 가지고 어떤 프로그램을 구성하느냐가 훨씬 중요합니다. 결국 앞으로 다이어트 시장을 장악하는 이들은 획기적이고 놀라운 제품을 판매하는 이들이 아닌, 좋은 다이어트 프로그램을 판매하는 이들이 될 것입니다.

　한국다이어트코치협회 회장 직을 맡던 와중 덕성여자대학교 평생교육원에 다이어트와 비만과 관련된 학과를 개설한 적이 있습니다. 당시 학과 이름을 어떻게 정할 것인가를 놓고 고심하다가 '다이어트 프로그래머 전문가 과정'이라고 최종 결정을 내린 바 있습니다.

　이는 다이어트 전문가라고 하면 이론적인 분야도 많이 알아야 하겠지만 실제적으로 다이어트를 원하는 고객들에게 프로그램을 통한 만족도를 높일 수 있어야 한다는 생각 때문이었습니다. 그러려면 이론적인 부분과 더불어 프로그램을 짤 수 있는 능력을 갖춰야 하고, 그러려면 다양한 제품들과 운동요법, 행동수정요법까지 두루 알고 있어야 한다는 판단 하에 과목에 이런 내용들을 포함시키기도 했습니다.

　물론 다이어트에 좋은 제품들이 제 역할을 하지 못한다는 이야기가 아니며, 좋은 제품들이 엄연히 존재하고 있다는 점도 인정합니다만, 그럼에도 다이어트는 제품 판매가 아니고 프로그램을 판매해야 한다고 지속적으로 주장하는 이유는 우리 몸은 제품 이상으로 좋은 프로그램을 필요로 하기 때문입니다.

창조적인 프로그램이 필요하다

다이어트 비즈니스가 그저 제품만 파는 것이라면, 모두에게 같은 프로그램을 적용시키면 됩니다. 하지만 고객의 상황이나 상태를 정확히 파악하고 가장 효과적인 다이어트를 지도하려면, 각기 다른 개인 맞춤 프로그램이 필요합니다.

다시 강조하지만, 다이어트 비즈니스가 다른 비즈니스와 다른 점은 사람의 몸을 다루는 비즈니스이기 때문입니다. 따라서 훌륭한 다이어트 프로그래머가 되기 위해서는 제품만 판매하는 것이 아니라 고객에게 맞춤형 다이어트 프로그램을 제시할 수 있는 능력을 키워야 하며, 그러기 위해서는 단순히 제품 판매에만 몰두하는 대신 보다 창조적이고 다양한 다이어트 프로그램을 개발해야 합니다.

이는 다이어트 프로그래머 개개인들은 물론이고 제품을 공급하는 기업들도 마찬가지일 것입니다. 다이어트 시장의 선두 기업들의 경우 각고의 연구개발을 통해 고객들을 만족시킬 수 있는 다이어트 제품을 개발하고 있습니다. 이런 제품들은 비만 치유와 다이어트에 획기적인 도움을 주고 있으며, 앞으로도 다이어트 비즈니스 시장은 더 확대될 가능성이 높습니다.

따라서 앞으로 신제품을 개발할 때 획기적인 제품을 개발하는 일도 중요하겠지만 기존 제품과 신제품을 함께 프로그램화 시킬 수 있을 것인가를 염두에 두는 일도 매우 중요할 것입니다.

6) 전문가로서의
능력을 갖춰야 한다

병원을 보면 분야가 굉장히 세분화되어 있는 것을 볼 수 있습니다. 내과, 외과, 이비인후과, 산부인과, 피부과, 치과 등등 각각의 전문 영역이 존재합니다. 뿐만 아닙니다. 각 전공과에서도 다시 분야가 세부적으로 나뉘어 있습니다.

반면 다이어트 업계의 현실은 이런 전문성과는 거리가 먼 것처럼 보입니다. 길거리에 나가 고개만 돌리면 다이어트 간판을 쉽게 볼 수 있는 세상입니다. 어떤 산업이든 전문가가 있고 전문기업이 있고 전문제품이 있게 마련인데, 유독 다이어트 업계는 특별히 그렇지 않은 것 같습니다.

살을 빼주겠다고 다이어트 간판을 걸어놓은 곳들을 한번 찬찬히 살펴봅시다. 전공과에 관계없는 각 분야의 병원, 한의원, 약국, 피부관리숍, 미용실, 다이어트 전문숍, 단식원, 헬스클럽, 마사지숍, 요가원, 복싱체육관 등 열거할 수 없을 정도입니다.

이처럼 다이어트 관련 사업의 공급과 수요가 넘치는 현상을 보면, 분명 다이어트 비즈니스야말로 매우 비전 있는 사업이라고 볼 수도 있을 것입니다.

그러나 어떤 사업 분야에건 전문가와 전문 기업이 필요한데, 다이어트 비즈니스에 너무 많은 분야의 전문가들이 뛰어 드는 지금의 현상은 필연적으로 여러 부작용을 발생시킬 수밖에 없습니다. 앞으로 다이어트 시장이 지속적으로 성장한다는 것은 부정할 수 없는 사실이지만, 그럴수록 다이어트와 관련해 충분한 지식과 경험을 갖춘 전문가가 더욱 더 필요해질 것입니다.

대한민국 국민 3명 중 1명은 비만이다

필자 역시 다이어트 분야에서 오래 일해왔지만, 아직도 대학교나 전문 교육 시설과 같은 고등교육기관 중에 비만과 다이어트만을 전문적으로 공부하고 연구하는 학과가 거의 없는 현실을 보면 참으로 안타깝기 짝이 없습니다.

들리는 이야기로는 그간 몇 군데의 대학에서 비만과 다이어트 관련 학과를 개설했으나, 학생 모집이 제대로 되지 않아서 폐쇄했다고도 합니다.

정부의 최근 발표에 따르면, 현재 우리나라 국민들 중에 3명 중에 1명은 비만이라고 합니다. 나아가 제대로 된 식습관 교육이 이루어지지 않는다면, 앞으로 이런 비만 추세는 더욱더 심해질 것이 자명합니다. 나아가 이렇게 많은 비만 인구가 양산되고 있는 현실에서 다이어트 전문가 양성이 제대로 이루어지지 않고 있는 현실은 매우 안타깝습니다. 또한 누구나 다이어트 전문가 흉내를 내며 업종에 관계없이 다이어트 비즈니스로 뛰어들고 있는 현실 또한 반드시 개선되어야 할 것입니다.

올바른 정보 전달의 메신저가 되어라

나아가 다이어트의 필요성을 느낀 이들이 제대로 된 전문가를 찾지 않는 것 또한 큰 문제입니다. 자신에게 어떤 다이어트가 필요하고, 어떻게 다이어트를 진행해야 할지 전문적인 지식을 가진 이들이 함께 한다면 성공률을 높일 수 있음에도, 비전문적인 지식으로 자칫 잘못 실행했다가 돌이킬 수 없는 결과를 초래하는 것입니다.

아주 작은 기술도 제대로 하려면, 전문가의 도움과 교육을 받을 필요가 있습니다. 이는 다이어트도 마찬가지입니다. 내 몸의 상태를 잘 알고, 필요한 것과 불필요한 것을 구분하여 건강한 다이어트를 하는 것도 하나의 기술이라고 할 수 있을 것입니다.

따라서 현명한 고객이라면 이 같은 방법으로 체중 조절을 해주는 전문가를 찾을 필요가 있을 것입니다. 무조건 몇 주 내에 몇 킬로그램을 책임지고 빼주겠다는 광고에 현혹되지 않고, 장기적 건강 증진의 측면에서 다이어트를 생각하는 이들이 많아져야만 다이어트 비즈니스의 미래도 밝아질 것입니다.

| 맺음말 |

놀라운 다이어트의 세계로 오신 것을 환영합니다

필자는 '생각이 바뀌면 미래가 달라진다!' 는 말을 좋아합니다. 현재 나의 모습은 결국 이전에 내가 생각했던 바의 결과물이기 때문입니다.

저는 다이어트 관련 기업에 트레이닝을 할 때마다 큰 소리로 온 마음을 다해 교육에 참가한 분들에게 이렇게 외치곤 합니다.

"할 수 있다고 생각하십시오! 왜 못한다고 생각합니까? 생각을 바꾸면 무엇이든 가능합니다. 될 수 있다는 생각으로, 할 수 있다는 생각으로 바꾸십시오! 그리고 그것을 믿으십시오. 다이어트 고객은 너무 많아서 특별히 어디에 가서 찾아야 할 필요가 없습니다. 누구에게나 당신이 알고 있는 다이어트 비법에 대한 프로그램의 정보를 전달하십시오. 안 받아 들이면, 또 다른 사람한테 정보를 주십시오. 이런 열정으로 다가가면, 내가 전달하는 정보를 감사한 마음으로 받아들이는 고객을 반드시 만날 수 있다는 것이 저의 믿음입니다. 또한 고객과 성심성의껏 상담을 하고 그 고객의 입장에서 이해하고 설명한다면 분명 상대도 내가 권하는 프로그램을 시작하게 될 수밖에 없습니다.

나아가 다이어트 전문가가 되려면, 감동을 뛰어 넘는 고객관리를 할 줄 알아야 하며, 이처럼 최선을 다하는 고객관리는 엄청난 비즈니스의 기회로 다가오게 될 것입니다. 이것이 다이어트 비즈니스의 비전이고 희망입니다. "

이 말을 마치고 나면 순간 교육생들의 눈빛이 달라지는 것을 느끼곤 합니다. 강한 긍정 에너지가 전달이 되고 있다는 느낌이 듭니다.

그렇게 열강이 끝나고 나면 참으로 감동적이고 매우 만족스러울 수밖에 없습니다. 감사의 인사를 받고, 함께 사진을 찍고, 선물까지 받을 때는 하늘로 날아오르는 기분이기도 합니다.

매번 느끼지만, 다이어트 분야는 참으로 넓고, 다양하고, 깊이가 있습니다. 너무나 쉽게 느껴지다가도 너무나 큰 벽이 있다는 느낌을 받게 됩니다. 그럼에도 한 가지 확신하는 바는, 앞으로도 다이어트 시장은 엄청나게 성장하게 될 것이라는 점입니다.

이제 다이어트와 비만의 영역은 한 사람의 걱정거리로 끝나는 것이 아니라, 국가적인 건강, 복지 문제와 연계해 생각해야 할 매우 중요한 분야입니다.

필자는 여성의 아름다움에 대해 관심을 가지고 연구를 시작한 결과 다이어트 프로 전문가로 활동하게 되었습니다. 이 결과에 매우 만족하지만, 동시에 여기서 멈추지 않고 좀 더 폭넓고 구체적인 방법을 제시할 수 있도록 노력하고 뛸 것입니다.

앞으로 다이어트 업계의 성장과 비만 인구 감소의 한 축이 되고 싶다는 생각으로 이 책을 썼습니다. 이 책이 그 역할을 하는 데 작으나마 힘이 되었으면 합니다.

시작하라

장성철 지음 / 120쪽 / 값 6,000원

손에 잡히는 SUCCESS 총서 001

평생직업과 평생직장의 시대가 사라져간 지금, 우리는 새로운 변화 앞에 서 있다. 이 책은 망망대해처럼 보이는 이 시대 경제 흐름을 파악하고 미래를 예측하고자 하는 모든 이들을 위한 가이드북이다. 이 책에서는 진정한 삶과 행복이란 무엇이며 성공에 대한 확신과 함께, 그 길에 들어서기 위해서는 무엇을 준비해야 할지를 소개하며 그 길을 알려주는 1인 창업 로드맵을 제시한다.

네트워크 비즈니스가 당신에게 알려주지 않는 42가지 비밀

허성민 지음 / 132쪽 / 값 6,000원

손에 잡히는 SUCCESS 총서 002

네트워크 사업이라는 신개념 비즈니스에 참여하기에 앞서 반드시 짚고 넘어가야 할 핵심 42가지를 꼼꼼하게 제시한다. 네트워크 사업에 대한 깊이 있는 성찰까지 고루 담고 있는 만큼 네트워크 사업을 처음 시작하는 이들에게는 필수적인 지침서 역할을 한다.

액션플랜

이내화 지음 / 208쪽 / 값 9,000원

손에 잡히는 SUCCESS 총서 003

평생직업의 시대에 든든한 자산이 되어주는 것은 인간관계임을 깨우치고, 고객의 개념을 어떻게 정립하고 어떻게 나의 고정자산으로 만들 것인지에 대한 방법론을 제시한다. 고객을 내 편으로 만들기 위한 사고의 전환, 행동의 전환을 유도하는 가이드북으로써 구체적인 고객관리 매뉴얼을 제시한다.

독자 여러분의 소중한 원고를 기다립니다

독자 여러분의 소중한 원고를 기다리고 있습니다.
집필을 끝냈거나 혹은 집필 중인 원고가 있으신 분은
moabooks@hanmail.net으로 원고의
간단한 기획의도와 개요, 연락처 등과 함께 보내주시면
최대한 빨리 검토 후 연락드리겠습니다.
머뭇거리지 마시고 언제라도
모아북스 편집부의 문을 두드리시면
반갑게 맞이하겠습니다.